编 委 会

主　编：何英静

副主编：王　蕾　沈志恒

编　委：（按姓氏笔画排序）

王晓菲　王曦舟　朱　超　朱克平　邬樵风　庄峥宇　刘翌煜

孙飞飞　孙黎滢　李　帆　杨　恺　但扬清　邹　波　沈舒仪

张利军　范明霞　周　林　胡哲晟　俞楚天　袁　翔　顾晨临

钱佳佳　黄晶晶　梁　婧　蒋才明　戴　攀

Lean Planning of Modern Electricity Grid
Theory and Practice

现代电网精益化规划
理论与实践教程（上册）

主　编 / 何英静

副主编 / 王　蕾　沈志恒

ZHEJIANG UNIVERSITY PRESS
浙江大学出版社
·杭州·

图书在版编目（CIP）数据

现代电网精益化规划理论与实践教程. 上册 / 何英
静主编. — 杭州：浙江大学出版社，2023.4
ISBN 978-7-308-22355-3

Ⅰ. ①现… Ⅱ. ①何… Ⅲ. ①电网—电力系统规划—
教材 Ⅳ. ①TM727②TM715

中国版本图书馆 CIP 数据核字（2022）第 028266 号

现代电网精益化规划理论与实践教程（上册）

XIANDAI DIANWANG JINGYIHUA GUIHUA LILUN YU SHIJIAN JIAOCHENG（SHANGCE）

主　编　何英静

副主编　王　蕾　沈志恒

责任编辑	朱　玲
责任校对	傅宏梁
封面设计	春天书装
出版发行	浙江大学出版社
	（杭州市天目山路 148 号　邮政编码 310007）
	（网址：http://www.zjupress.com）
排　版	杭州朝曦图文设计有限公司
印　刷	广东虎彩云印刷有限公司绍兴分公司
开　本	787mm×1092mm　1/16
印　张	11.25
字　数	267 千
版 印 次	2023 年 4 月第 1 版　2023 年 4 月第 1 次印刷
书　号	ISBN 978-7-308-22355-3
定　价	45.00 元

　　电网规划工作主要是指政府或电力企业在电网正式实施建设或进行改造前开展的负荷预测和电源规划的前期工作。电网规划有多种分类形式,按设计内容和特点分类,可以分为输电网、配电网和二次系统规划;按时间分类,可以分为长期、中期和短期规划。总体来说,电网规划是一项复杂又艰巨的系统工程,具有规模大、不确定性因素多、涉及领域广等特点。传统的电网规划首先由各专业人员分别依据国家和行业技术标准,按不同电压等级收集基础信息,进行电力需求预测,在分析电力系统和电网现状的基础上,分别对电力电量平衡、电源规划、网架规划、项目及时序安排、规划成果评价等进行研究。在日常的电网规划工作中,规划人员各司其职,在本职工作中精益求精,但与其他科室协同配合较少。

　　随着世界经济的快速发展,各行各业以及国民生活对电能需求的增加,电网规划迎来了新的机遇和挑战。一方面,"十四五"期间,在"碳达峰、碳中和"目标的指引下,能源行业要走向高质量发展新征程,高比例可再生能源、分布式能源以及电动汽车、储能等新型负荷并网成为未来电力系统的重要特征,使电源侧和负荷侧不确定性增强,对电网规划在灵活性、安全性、可靠性等方面提出了更高要求。另一方面,基于5G的大数据、电力物联网边缘计算和云服务、电力大数据和人工智能技术呈现快速上升的趋势,泛在电力物联网具有数据量大、数据类型多、处理速度快、精准度高和实用价值高等特点,为现代电网规划提供了强有力的科技支撑。技术的更新迭代要求电网规划从业人员加强学科交叉,全面掌握规划设计流程,从整体上把握和协调主网、配网、通信网规划,确保各电压等级电网建设的协调同步发展,并对特高压交直流系统、大电网安全、柔性直流输电、新一代智能变电站等前沿、前瞻性技术研究有所涉猎。

国网浙江省电力有限公司经济技术研究院具有齐备的主网、配网、通信等专业和规划设计技术优势,并持续引进新兴技术,积极参与前沿技术推广应用,注重现代电网规划创新人才的培养和队伍建设。作为全面推进"三型两网"建设、主动适应能源革命和数字革命融合发展、纵深推进电力改革和国资国企改革、提升新时代电网规划创新人才能力的关键环节,国网浙江省电力有限公司经济技术研究院结合丰富的电力工程案例,编写了符合新时代电网规划工作需求的培训教材。

《现代电网精益化规划理论与实践教程》分为上、下两册,本书为上册。下册内容包括基于《电力系统安全稳定导则》(GB 38755—2019)的电力系统安全稳定运行、电力市场、柔性直流输电技术、柔性交流输电技术、高弹性电网、智能变电站以及储能电站共七个专题内容。

本书内容涵盖面广,可以同时为省级、地市公司级电网规划编制人员、高校学生、电力咨询单位咨询设计人员,以及政府能源管理机构的官员等提供技术参考。

由于时间仓促及编写人员专业水平所限,本书在编写过程中难免会出现疏漏之处,敬请读者批评指正。

编　者
2022 年 12 月于杭州

目 录
CONTENTS

第1章 现代电网规划面临的新形势

1.1 现代电网中的新型电力设施

能源是人类赖以生存和发展的基础,电力作为清洁、便利的能源形式,既是国民经济的命脉,也是其他行业发展的重要支撑。提高能源利用率、开发新能源、加强可再生能源的利用,是解决中国经济和社会快速发展过程中日益凸显的需求增长与能源紧缺、能源利用与环境保护之间矛盾的必然选择。[1]

1.1.1 新能源及分布式电源

1.1.1.1 新能源发展的推动因素

(1)开发潜力大

我国风资源分布广泛,陆上70m高度的风能资源技术可开发量约为2.6×10^9kW,80m高度的风能资源技术可开发量约为3.5×10^9kW,近海水深5~25m范围内风能资源潜在技术开发量约为2.0×10^8kW。[2]

太阳能的利用主要考虑建筑物的屋顶和闲置的荒漠荒地。粗略估计,2020年我国建筑总面积达到7.0×10^9m²,其中可利用的南墙和屋面面积约为3.0×10^9m²,按照可利用面积的20%、安装1kW光伏所需面积10~20m²计算,可支撑建筑光伏装机容量约为3.0×10^7~6.0×10^7kW。国家林业局发布的第五次全国荒漠化和沙化状况公报显示,截至2014年,全国荒漠化土地面积约为2.6×10^{12}m²,按照利用我国戈壁和荒漠面积的3%计算,太阳能发电资源潜力最高可达7.8×10^9kW。

(2)生态环境要求

化石燃料的燃烧是全球温室气体排放的主要来源。据统计,2015年能源相关的温室气体排放量占总量的70%,近一百年里大气中二氧化碳浓度增长超过40%,全球温度升高0.85℃。

化石燃料在燃烧过程中排放的大量二氧化硫、氮氧化物、烟尘等污染物,将引发酸雨、灰霾等大气污染问题,严重危害人类身体健康。同时,化石能源的开采和运输对水体、土壤等也会造成严重污染和破坏。

（3）能源现状决定

全球化石能源资源开发利用空间有限。近年来随着勘探技术的进步，化石能源探明储量呈增加趋势，但化石能源的不可再生性决定其终将走向枯竭。

全球可再生能源资源丰富，开发利用技术日趋成熟。随着能源需求总量的持续增长，风电、光伏等可再生能源将成为未来的主导能源。

（4）国家政策支持

2019 年 5 月，国家发改委、能源局印发《关于建立健全可再生能源电力消纳保障机制的通知》，对各省级行政区域内的电力消费设定可再生能源电力消纳责任权重，由各类从事售电业务的企业及所有电力消费者共同承担消纳责任，市场主体以实际消纳可再生能源电量或通过购买配额及可再生能源绿色证书来完成消纳量。可再生能源电力消纳责任权重制度将为新能源的长期健康发展提供坚实保障。

风电和光伏竞价上网、平价上网政策将推动技术创新和成本下降，摆脱依赖补贴的现状，提高市场竞争力。2018 年，国家明确提出今后所有普通光伏电站、集中式陆上风电和海上风电项目全部通过竞争方式配置和确定上网电价。2019 年 1 月，国家发改委、能源局正式下发《关于积极推进风电、光伏发电无补贴平价上网有关工作的通知》，提出了"不少于 20 年的固定电价收购""鼓励就近直接交易""鼓励通过绿证获得收益"等新政策，保障了发电企业收益的稳定性，有助于激发企业投资积极性，推动风电、光伏发电平价上网顺利实施。

2018 年，国家能源局印发《分散式风电项目开发建设暂行管理办法》，对解决当前分散式风电开发面临的审批流程复杂、电网接入要求不明确、融资难、征地更难等核心问题提供了有效方案，为分散式风电的发展打通了政策壁垒。

我国正加速推进能源革命，调整能源结构，着力构建清洁低碳、安全高效的现代能源体系。《能源生产和消费革命战略（2016—2030）》明确了我国能源革命战略目标。文件指出，到 2020 年，能源结构调整取得明显进展，非化石能源消费占比达 15%；2020 年以后，新增能源需求主要依靠清洁能源满足；到 2030 年非化石能源消费占比达到 20% 左右，二氧化碳排放 2030 年左右达到峰值并争取尽早达峰；到 2050 年，非化石能源占比超一半。

经测算，为实现上述目标，2020 年风电、光伏装机规模预计达到 4.2×10^8 kW 左右（风电、光伏各 2.1×10^8 kW），相比 2015 年增长 140%；2035 年新能源合计装机规模将达到 $1.3 \times 10^9 \sim 1.6 \times 10^9$ kW，装机占比将提升至 40% 左右。

（5）科技发展支撑

《能源技术革命创新行动计划（2016—2030 年）》明确了今后一段时间我国能源技术创新的工作重点和主攻方向。到 2030 年，我国将建立完善的能源技术创新体系，大型风电、高效太阳能利用、先进储能、现代电网关键技术、能源互联网等方面将实现重大技术突破，能源技术整体达到国际先进水平。

大功率风电机组、高空风力发电、远海风电、新型太阳能电池等技术的突破，可以拓宽资源开发范围，显著提升风电、光伏利用效率，降低发电成本；储能、可再生能源并网、柔性直流输电、能源互联网等技术的推广和应用,能够有效改善新能源出力特性,扩大新能源消纳范围,提高分布式能源渗透率。

1.1.1.2　能源转型背景下我国新能源发展面临的挑战

随着新能源自身发展进入新阶段和外部形势的变化,新能源在消纳、系统安全等方面将面临挑战,这对顶层政策设计、电力市场建设、整体效益提升提出了更高的要求。[3]

(1)顶层政策设计不够完善

在规划建设方面,国家与地方可再生能源发展规划统筹不够,地方规划的发展目标、建设规模、布局和速度有时出现与上级规划不一致的情况;同时,新能源开发规划与电网规划衔接不够,电网规划建设与新能源开发利用不适应,电网建设滞后于新能源发展,输电通道外送能力不足。

在价格补贴方面,随着新能源发电的持续发展,我国新能源发电补贴资金缺口进一步增加,一方面给我国带来了财政压力,另一方面,补贴兑付不及时也影响了新能源企业的资金周转。

(2)东中部消纳空间不足,导致弃电常态化

我国经济已由高速增长转向高质量发展,全社会用电量增速将逐步降低。同时,随着能源清洁转型的推进和"平价时代"的到来,新能源装机仍将大幅增加。中东部高电价地区发展平价装机意愿较大,在分布式发电和海上风电发展提速的背景下,弃电将成为全国普遍现象。

(3)高比例新能源接入对电力市场设计提出新要求

新能源边际成本低、容量成本高,考虑补贴后,在电量市场或现货市场报价中易挤压常规电源发电空间,但其出力的不确定性,易导致电力系统高占比、高风险运行。电力市场规则若在设计时仅侧重鼓励降低运营成本、提高经济效益,忽视对电网安全有重要支撑作用的常规电源的利益,就有可能造成电源发展失衡,影响电网安全运行。

(4)高比例新能源接入对电力系统运行带来挑战

在电力平衡方面,新能源出力与用电负荷曲线匹配度较低,甚至在某些时段完全相反。随着新能源装机规模的增大,出力波动幅值不断增加,新能源日内调峰需求也不断增大,新能源新增发电量难以满足用电量增长的需求。

随着新能源大规模接入和跨地区直流容量的持续增加,深度电力电子化系统的复杂性、跨地区直流大功率冲击下系统的脆弱性成为电力系统稳定问题的新特征。大规模新能源在电压穿越期间的有功、无功响应等特性已成为影响电压、功角甚至频率稳定的重要因素,特别是分布式电源在频率、电压波动期间容易连锁脱网,扩大故障影响范围。

在信息安全方面,新能源网络信息安全逐渐成为新的安全风险点。新能源装机容量小,集中式场站和分布式系统数量庞大,网络安全问题突出。以新能源场站为突破口,通过移动设备连接、非法外联、非法直连等方式绕过"物理隔离",直接攻击电力系统内部,有导致电力非正常停运甚至崩溃的风险。

(5)新能源发展需进一步统筹新能源发展目标和发电利用率

一方面,为满足国家能源转型战略的实施,推动非化石能源消费占比不断提升,未来

新能源仍需保持一定的发展规模;另一方面,各省份新能源消纳能力将成为指导新能源规模布局的重要因素。国家要求电网企业发布各区域年度新能源新增消纳能力,而新增新能源发电项目需要以落实新能源消纳目标为建设前提。

(6)新能源发展需从电力系统整体效益着眼考虑

为满足高比例新能源消纳,灵活性电源投资、改造、电网调度运行优化等系统性成本将增加。目前,在新能源发展过程中对于系统整体效益考虑不足。对输电线路利用效率来说,新能源发电年利用小时数普遍为 900~2400h,低于常规电源年发电利用小时数。随着新能源发电占比的提升,对于以输送新能源电力为主的特高压输电通道,线路利用小时数较低,电网运行成本增加。

1.1.1.3 适应我国能源转型的新能源高质量发展的关键问题与措施

"十三五"期间,我国新能源规模持续扩大,新能源发电利用水平逐步提高。"十四五"期间,我国进入由规模化增长向高质量发展的新阶段。

政策方面,为促进新能源布局的优化和发电利用率的提升,"十三五"期间提出的消纳保障机制、风光投资监测预警机制、竞争性配置,在"十四五"期间仍将继续实施。同时,"十四五"期间将加强灵活电源建设,加强跨省份通道建设,推进网源协调发展。

市场方面,在"十三五"电力市场初步建设的基础上,"十四五"期间将加快推进全国统一电力市场建设,通过市场优化配置作用不断提升新能源发电利用水平。

技术方面,"十四五"期间,为支撑高比例新能源接入,网源荷储一体化运作将发挥重要作用;依托能源互联网,加快"大云物移智链"等新技术应用,市场化商业模式将不断创新;新能源发电涉网性能逐步提升,新能源作为平等市场主体将公平承担系统调节和电力平衡的责任。

标准方面,随着新能源发电占比的不断提升,"十四五"期间,将持续完善新能源并网、预测相关技术标准,并加快制定各类灵活性资源设计规范、技术标准。

表 1.1 从政策、市场、技术、标准等几个维度展示了"十三五""十四五"期间促进新能源发展的相关措施。

表 1.1 "十三五""十四五"期间促进新能源发展相关措施比较

维度	措施内容	"十三五"期间	"十四五"期间
政策	风光监测预警	实施风光监测预警机制,优化新能源项目布局	实施风光监测预警机制,优化新能源项目布局
	竞争性配置	推行竞争性配置,促进新能源发电成本下降	推行竞争性配置,促进新能源发电平价上网
	可再生能源电力消纳保障机制	实施可再生能源电力消纳保障机制,促进新能源发电利用率提升和能源转型推进	实施可再生能源电力消纳保障机制,促进新能源发电利用率提升和能源转型推进
	网源协调规划	加大跨省份通道建设,推进火电灵活性改造,新增发电项目以落实电力送出和消纳为前提	统筹新能源发电项目、灵活电源、电网建设

续表

维度	措施内容	"十三五"期间	"十四五"期间
市场	全额保障性收购	保障性收购小时数以内电量电网全额收购,保障小时数以外电量通过参与市场方式消纳	完善全额保障性收购制度,推动新能源参与市场
	电力市场建设	探索开展包括中长期交易和现货交易在内的新能源交易,加快推进电力现货市场试点建设,加快推进辅助服务市场	按照"统一市场,两级运作"的运作模式推进全国统一电力市场建设,加快促进新能源高效利用的现货市场建设,完善电力辅助服务机制,扩大辅助服务提供主体范围
技术	探索开展网源荷储一体化	探索开展网源荷储试点建设	推动电力系统网源荷储各环节技术水平升级
	新能源发电涉网性能	提升新能源场站涉网性能,支撑大规模新能源接入	研究提升新能源场站故障电压穿越能力,推动新能源机组参与电力系统一次调频
	能源互联网	探索"大云物移智链"新技术的应用场景	推动能源互联网发展,加快"大云物移智链"等新技术在能源互联网中的应用,依托能源互联网,探索商业模式创新
标准	新能源并网、预测技术标准	持续完善新能源并网、预测技术标准	加快新能源发电接入标准修订,完善新能源预测及对电力系统的支撑能力、网络安全等相关标准
	灵活性资源标准制定	完善储能技术标准	加快制定储能设计规范、技术标准、试验检测等标准

1.1.1.4　分布式电源

提到新能源,就不能忽略分布式电源(Distributed Generation,DG)。分布式能源是一种布置在用户侧的集能源生产和消费于一体的能源供应方式,具有就地利用、清洁低碳、多元互动、灵活高效等特征,是现代能源系统中不可或缺的重要组成部分。分布式能源正在改变世界能源供应方式。[4,5]

大规模新能源以分布式发电方式接入电网,是大规模新能源并网消纳的重要方式,也是大规模新能源集中式发电的重要补充。采用分布式新能源发电,有助于充分利用各地丰富清洁、形式多样的能源,向用户提供绿色电力,因此是实现节能减排目标的重要举措。

分布式电源发展的推动因素主要包括以下几个方面。

(1)技术的进步

分布式电源本体技术装备水平的不断提升和产业的逐步成熟,推动分布式电源在园区、负荷密集商圈、偏远地区、海岛等多场景广泛应用。微电网技术、可再生能源+储能协调运行技术、能源互联网技术等系统集成技术的快速发展,使分布式发电能够为用户提供多样化的能源供应。

（2）经济性的提升

随着光伏、风电等可再生能源成本的持续下降，分布式电源的投资吸引力迅速提升，尤其是分布式光伏，因其投资门槛低，各行业争相参与投资建设。分布式发电经济性的提升促使园区、大工业、工商业等高电价用户利用分布式发电的意愿增加。

（3）电力体制改革形势的助推

国家能源局发布的《电力发展"十三五"规划（2016—2020年）》，进一步强调了分布式电源发展的重要性，提出要坚持可再生能源集中式和分布式开发利用并举。弃风弃光问题得到重视，国家可再生能源开发布局从西部开始向东中部地区转移。

分布式发电市场化交易试点探索分布式电源直接售电方式，创新并扩展经营模式。增量配电投资方可通过建设分布式电源形成区域发配售一体化模式。发展分布式电源已成为利益主体进入配售电领域的重要途径。

（4）新城镇和新农村发展的需要

分布式电源因地制宜、就近取材的特点，为解决新城镇和新农村用能以及处理废弃物提供了有效方案。农村用户居住点较为分散，使用分布式电源是我国农村，特别是远离大电网的偏远农牧区和海岛更为经济的选择。例如，西藏先后实施"阳光计划""科学之光计划""阿里光电计划""西部省区无电乡通电工程""无电地区电力建设项目"等光伏推广示范工程，通过光伏发电解决了当地无电地区的用电问题。《可再生能源发展"十三五"规划》指出，在中东部等有条件的地区，开展"人人1千瓦光伏"示范工程，建设光伏小镇和光伏新村。2016年以来国家积极推进光伏扶贫项目。

（5）民众参与意识的提高

分布式电源的发展，是"平等参与、自由分享"的现代社会文明和互联网理念的体现。从国外发展经验来看，民众投资建设分布式电源与投资回报的关系趋弱，绿色能源的公共责任意识越来越强。

1.1.1.5 分布式电源接纳能力提升技术

目前，国内外学者普遍使用"消纳能力"或"接纳能力"的概念来表征配电网对分布式电源的最大承载能力，但两者略有区别。[6]"消纳能力"更多的是从配电网运行的角度出发，指在主网调峰能力、电网互联互通水平、外送电规模及运行方式、分布式电源与负荷特性等约束下能够被配电网充分利用的最大分布式电源容量。它通常考虑分布式电源和负荷参与下的配电网功率平衡调节过程，遵循电力电量供需平衡原则，且与配电网灵活紧密联系。而"接纳能力"则主要是从配电网规划的角度出发，考虑分布式电源接入对配电网安全稳定运行的影响。它通常是指在满足节点电压、线路载流、电能质量等多种安全运行约束的前提下，配电网中允许接入的最大分布式电源容量。

国内外学者已提出了包括有载调压变压器抽头调整、无功补偿、逆变器功率因数控制等多种分布式电源接纳能力提升技术，并分别取得了一定的效果。在配电网实际运行中，考虑多种约束和差异化场景，采用不同提升手段的组合形式进行针对性的优化控制，可有效弥补系统的薄弱环节，最大限度地提升分布式电源的接纳能力。下面介绍几种典型的分布式电源接纳能力提升技术。

（1）有载调压变压器抽头调整

灵活调整有载调压变压器的抽头位置，可快速调节系统电压水平，能够有效预防大规模分布式电源接入时的过电压问题，进而提高分布式电源的接纳能力。

（2）无功补偿

静止无功补偿器是一种具有响应速度快、调节性能好等优点的无功补偿装置，在高渗透分布式电源接入配电网导致过电压问题时，可通过补偿感性无功来快速降低电压水平，有利于提高分布式电源的接纳能力。

（3）逆变器功率因数控制

对分布式电源并网逆变器进行功率因数控制，在其出力高峰时段吸收无功（即运行在滞后功率因数）以降低整体电压水平，可提高分布式电源的接纳能力。但该方法可能会在一定程度上增大系统网损，并造成线路传输阻塞问题。

（4）网络重构

网络重构一般包括规划阶段的静态重构和运行阶段的动态重构。通过网络拓扑优化来调整潮流分布，可保证系统安全运行指标维持在合理范围内，有利于提高分布式电源的接纳能力。

（5）需求侧响应

基于电价或激励的需求侧响应可满足配电网灵活性的平移性和宽幅性要求，能够有效增加分布式电源出力高峰时段的净负荷，降低运行约束的越限风险，有助于提高分布式电源的接纳能力。

（6）储能技术

储能作为一种灵活性资源参与配电网的功率供需平衡调节，可有效降低分布式电源出力高峰时段的功率渗透率，保证运行约束不越限。但目前储能设备的整体造价较高，在实际应用中可能需要考虑经济性问题。

（7）电压协调控制

电压协调控制可进一步优化系统电压分布，其中集群电压协调控制有效结合了集中控制和分布式控制的优点，可基于集群划分实现群内自治优化和群间协调优化，具有更好的调压性能，能够显著提高分布式电源的接纳能力。

（8）设备改造

对配电网的一次设备进行改造升级，可有效提高其电流耐受能力，进而通过放宽短路电流约束来提高分布式电源的接纳能力。

1.1.2　电动汽车充电设施

在能源危机和气候变暖的双重挑战下，电动汽车成为发展低碳经济、落实节能减排政策的重要途径。当前我国电动汽车行业发展进入关键时期，新能源汽车高效、环保、节能的优点逐渐被市场认同，其销量呈逐年上升的趋势。

新能源汽车产业以及相关的充电设施建设俨然已上升为国家战略，得到极大的关注度。2012 年，国家发改委就发布了《关于印发节能与新能源汽车产业发展规划（2012—

2020 年)的通知》,之后连续颁布了多项相关规定与政策,电动汽车充电基础设施的大力建设也被提上了日程。[7-9]

1.1.2.1 电动汽车充电设施介绍

(1)分散式充电桩

分散式充电桩包括私人充电桩和公共充电桩。私人充电桩建设位置固定,车桩以1:1原则配置,不需要规划;公共充电桩建设在居民区、办公区、商业区和休闲娱乐区附近。充电桩主要由桩体、电气模块、计量模块等组成,分交流和直流两种充电模式。

(2)集中式充换电站

集中式充换电站由三台及以上电动汽车非车载充电机或交流充电桩(至少有一台非车载充电机)组成,可以为电动汽车提供充电和更换电池服务,满足广大用户的充电需求。目前较为成熟的充电站主要有三种充电模式:交流充电设备、快速充电设备(非车载充电机)以及快速更换电池设备。

(3)无线充电设施[10,11]

无线充电具有占地面积小、方便灵活、不用插拔、安全性高、不受恶劣天气影响、维护成本低、与电网互动能力强以及充电更加智能化等优点,是电动汽车未来发展的必然趋势。

电动汽车无线充电的类型主要分为静态无线充电、动态无线充电和准动态无线充电三种。静态无线充电技术是在电动汽车停止时给汽车充电,适合于停车场、商场、居民区等场合;动态无线充电则是在汽车行驶过程中给汽车充电,能持续为汽车提供能量,允许电动汽车搭载较小容量的电池;准动态无线充电则是在汽车短时间停靠的地方给汽车充电,如在交通信号灯处,可以在途中给汽车补充能量。动态无线充电和准动态无线充电都能有效延长电动汽车行驶里程,但是需要对指定道路进行改造,前期成本投入较大,后期也需要较多的人工维护,而静态无线充电则较为灵活便捷。

静态无线充电技术按照传输机理又可分为电磁感应式、磁耦合谐振式、微波式三类。

①电磁感应式:电源输入端同感应线圈原边一起安装于地面下,感应线圈副边位于电动汽车内部。电源输入端接收的电能在整流后,经高频逆变电路流入感应线圈原边,线圈副边会产生对应的感应电流,在电动汽车内部整流滤波后,再经功率调节便可对电池充电。利用电磁感应无线充电技术对电动汽车充电需要考虑设备之间的距离,通常两个感应线圈的距离控制在 0.1m 以内,充电时感应线圈需要对齐。电磁感应式充电的能量转换效率高、功率传输范围宽——最小传输功率低至几瓦,最大传输功率可达数千瓦。

②磁耦合谐振式:与电磁感应式相比,磁耦合谐振式充电过程是在高频方波交流电和感应线圈原边与副边两个相同 LC 补偿电路的共同作用下,线圈原边、副边谐振频率相同,发生谐振,从而实现能量在原边与副边间的传输。磁耦合谐振式的传输线圈一次侧(原边)与二次侧(副边)谐振频率不会轻易受到外界磁场的干扰,并且在适当距离下的电能传输效率很高。

③微波式:从电网接入的交流电经整流电路转变为直流信号,直流信号经过转换器转换为微波信号,其以辐射的形式在空间传播,电动汽车上的接收装置接收空间中的微

波,整流后给电动汽车电池充电。微波辐射的方向具有全方位性,整个传输过程能量损耗大,导致其传输效率较低,且辐射对人有一定的影响。

无线充电和有线充电相比,前者的整体能量传输效率不高,能量传输效率受传输距离影响大,在研发前期资金投入较高,且部分传输方式对人体的安全性也有待进一步研究。未来电动汽车无线充电的优化和发展可以考虑以下几个方面。[10]

· 线圈结构:线圈之间的能量传输效率直接影响整个充电系统的效益。寻求两个线圈的最佳距离,线圈的绕法、排布、形状等,来提高传输效率。

· 能量传递与人体安全:进一步研究不同充电方式所产生的辐射量及对人体的影响,探索安全主动的防辐射方法。

· 拓扑结构与控制算法:充电系统传输效率的提高离不开补偿网络的优化。探索低阻抗与易匹配的电力电子拓扑结构,稳定而精确地控制算法以降低系统偏移量。

· 谐振频率:汽车在无线充电过程中,有时系统的不稳定会导致谐振频率波动,引起失谐而降低传输效率。可在线圈接收端与发出端加入闭环控制进行调节和控制,并可加入监控模块,对谐振频率进行实时监控与调节。

· 移动无线充电:将一系列发射线圈安装在道路下方,车辆可在行驶的过程中进行充电,并对电池电量进行动态监控,在电量低于用户设定的特定值时给予充电。

· 无线充电标准:当前由无线充电联盟(Wireless Power Consortium,WPC)、无线电力联盟(Alliance for Wireless Power,A4WP)、电源事物联盟(Power Matters Alliance,PMA)制定的几个标准侧重点存在差异。加快电动汽车无线充电标准的制定,有利于全球电动汽车的标准化发展。

· 汽车电能双向流动:根据智能电网的概念,实现对电能的智能化管理。根据电动汽车的特性,可将其看作一个移动的电能储存设备,在电网电能过剩时将电能储存起来,在电网用电高峰期,反向将电能输入电网或者直接输入用户家中。

1.1.2.2　充电设施市场特性

(1)充电桩产业链

设备生产商需要制定合适的标准,提高运行稳定性,提高各种型号的兼容性。目前,其竞争差异主要表现为所生产设备的稳定性、成本、品牌口碑和招投标能力。而充电运营商应平衡各利益体,确定基本盈利模式。这涉及充电服务费和普通用电的电力差价,还涉及国家已经出台和即将出台的相关补贴政策。

(2)充电设施服务需求

大型充电需求主要来自公交车,其充电特性为日间快速补电,夜间慢速充电。应选用直流充电桩,配置宽电压范围的设备。

小型充电需求主要来自乘用车,充电桩结合停车位设置即可。以 60kWh 电池容量为例,不考虑路况、空调、安全系数、电池衰减等因素,车续航里程按 300 千米计算,采用直流充电桩,充满电需 1.5~6 小时;采用交流充电桩,充满电需 6~12 小时。

(3)充电设施需求规模

《电动汽车充电基础设施发展指南(2015—2020)》指出,对新能源汽车示范推广应用城市来说,城市核心区公共充电服务半径应小于1千米,公共充电桩与电动汽车比至少达到1∶8;对其他地区来说,城市核心区公共充电服务半径建议小于2.5千米,公共充电桩与电动汽车比例力争达到1∶15。逐步推进全国范围的城际快充网络建设是当前充电设施建设的重点。

1.1.2.3 充电设施建设相关问题

(1)充电基础设施建设难度较大

首先,充电设施建设需要多方协调,解决如场地限制和其他管线的布控等问题。其次,其成本昂贵、建设难度大,在私人停车区域,存在电力安装条件不佳、基层组织和业主自治组织协调难度大的情况。

(2)充电设施建成后闲置率高

目前停车场规划虽已编制完毕,但尚未实施建设,充电设施建设场地选择余地有限,给充电基础设施的建设带来较大障碍。同时,建设完成的充电桩存在利用率低、闲置率高、安装分散等问题,也加大了充电桩管理维护的难度。

(3)充电基础设施布局不合理

充电设施如果分布不均且布局不合理,就无法为电动汽车提供便捷高效的充电服务,故需要格外注意部分充电设施充电困难、停车位和充电设施分离、没有合理利用停车位安放充电设施等问题。

(4)充电设施的营利能力弱

当前的新能源服务市场仍不具备成熟的商业模式,跨行业间的合作是多元化市场的必然要求,但此时尚处于起步阶段且需要得到进一步的规范。

1.2 现代电网规划的约束条件及新理念

为规范电网规划相关行为,确保规划方案的合理性,实际电网规划应遵循的原则可以总结为以下几点。[12]

(1)工作人员需要保证制定的规划方法能够满足当前电力行业发展的要求。

(2)将长期目标和短期目标进行有机结合,为实现双赢提供更多的有利条件。

(3)在实际规划时,需要兼顾整体目标和局部目标,将两者出现冲突的概率降至最低。

(4)优化电网使之顺应可持续发展的理念。

(5)合理协调实物量及价值量规划。

1.2.1 电力市场环境下的电网规划

所谓电网规划,就是要降低电网运行和建设的成本,最大限度地保证电力供给,即其

建设的关键在于提高电力市场的经济效应。[13,14]

现代电网规划对传统发电厂和输电网做了全面划分,电源与电网规划不再统一进行,发电公司和电网公司实现了所有制的分离,各自承担不同的职能。这种发行方式能够最大限度地提高企业的收益,同时转变投资者的选择方向。电力市场的变革对电网规划工作提出了更多新的要求:首先,工作人员需要对当前实际要求及网架情况进行详细分析,根据分析结果制订电网规划方案,同时提出合理的防范措施,减少不利影响;其次,工作人员需要做好电价核算工作,以电网规划和电力市场预期目标为主要依据,估算电网运行效益。[12,14]

1.2.1.1　输配电网规划面临的不确定因素

随着电力市场改革的深入,不确定因素明显增多,致使电网规划出现风险问题的概率增加,影响电网规划效果。下面对几种常见的不确定因素进行说明。

(1)法规和政策的不确定性

国家政策与法规时刻发生着变化,其不确定性对不同行业都会带来不同程度的影响。面对不确定的未来社会环境,电网规划的难度增大。

(2)现有和将来设备使用的不确定性

设备不断地升级改造,后期所用设备必然在性能上更加优越,这种情况会导致电网规划总费用的计算不准确。

(3)未来负荷的不确定性

随着电力市场面向用户侧开放,市场以用户需求为导向随时调整电价,在电价波动的状态下,负荷水平也是不确定的。

(4)市场合作与竞争的不确定性

各电力公司从自身利益与发展的角度出发,在市场交易中谋求合作与竞争的平衡点。市场供需的变动导致电价波动,用户自由选择供电商,使系统潮流具有不确定性。

在电力市场环境下,电网规划对输电网总电力进行合理的分配,通过各供电公司所建设的配电网转供给用户。为了实现电网建设和运行的利益最大化,在电网规划时,需要综合考虑未来的不确定因素,提高负荷预测的能力,相应调整规划模型。

1.2.1.2　考虑电力市场中市场力缓解的电网规划

在电力市场上,市场力通常被定义为使电价偏离市场竞争水平的能力。[15]市场力的滥用会导致电价的普遍上升,社会福利的无谓损失,以及财富从买方向卖方转移。市场力受多方面因素的影响,如市场集中度、输电阻塞以及需求弹性等,其中市场集中度和输电阻塞影响最大。在电力市场上,自负盈亏的发电商自主决定电源投建方案。市场集中度过高的问题可以通过反垄断手段加以解决。大量研究表明,输电阻塞是导致发电商在局部电网中具有市场力的根本原因,而电网规划正是消除输电阻塞、缓解相应市场力的有效措施。

从市场监管者的角度出发,其在主导或监督电网规划方案的制订时,以社会福利最大化(或总成本最小化)为基本目标,该目标要求电网规划形成的目标电网不应有明显的市场力,即电网规划需要考虑市场力的缓解。

电网规划的任务是制订最优的电网扩展方案,以满足电力负荷和机组容量的增长。传统电网规划以垂直一体化垄断的电力系统为研究对象,一般以线路投资成本和基于机组边际成本的运行成本之和最低为优化目标。然而,在电力市场上,只有当市场中不存在市场力时,发电商按照边际成本报价才有合理性。当市场中存在市场力时,发电商的策略性报价可能导致市场价格严重偏离边际成本,按照边际成本来计算电网规划方案的运行成本可能会产生不可忽视的误差。

1.2.2 基于新能源消纳的电网规划

现阶段我国在电网规划方面最主要的工作内容是对电量需求、电力饱和度、电网特性、负荷结构以及电力峰值等予以预测,预测结果的准确性是电网规划工作能够科学、安全开展的前提。

我国逐渐增强了对规划发电的重视度,同时也有意将新能源作为未来主要的发电载体。潮汐能、太阳能以及风能等新能源的出力特性和对当前电网在潮流分布、电能质量、频率及电压稳定性、运行可靠性等方面的影响必须在电网规划中予以考虑。适应新能源发展是当前电网规划的主要目标之一,下面对此进行具体说明。[16,17]

1.2.2.1 大规模新能源外送通道容量规划

考虑风能、太阳能等自然能源的分布,新能源发电厂的选址一般距离负荷中心较远,这对输电通道提出了更高的要求。同时,新能源发电厂的建设周期相对较短,在电网的各类配套设施建设过程中,容易出现输电线路阻塞、输电线路稳定性差等问题。对此,基于新能源的电力规划应做到以下几点:①合理分析新能源的出力概率特性、电厂输电以及充裕度;②在输电容量规划中,尽量提升电网侧效益;③综合考虑社会效益对输电容量的要求;④对不确定性的输电容量进行规划。

1.2.2.2 考虑大规模新能源接入的电网优化规划

随着风电、光伏发电技术的广泛应用,电力系统接纳波动发电的能力需要相应地提升。在电力规划中,应注意网架因素对新能源发电能力的影响,并避免网络容量冗余造成的资源浪费问题。另外,设备停运随机、负荷波动随机等各类不确定因素对电力系统运行的稳定性和安全性影响较大。对适应新能源发展的电力规划,在安全校验过程中,如果仅仅采用 $N-1$ 预想事故安全校验方式,可能无法满足电力系统安全规划的要求。

在应用新能源时,要求考虑新能源出力的各类场景,协调管理网架与新能源间歇性出力的适应性以及运行成本。同时,根据新能源接入形式,优化电网规划模型。技术要点总结为以下几点:①对适应新能源的电网规划进行建模分析;②动态计算电网损耗;③分析计算新能源的出力场景。

1.2.2.3 面向新能源消纳的电网规划方法

适应新能源发展的电力规划目标是保证电网能够合理地消纳新能源,充分发挥新能源的应用优势。其中,消纳的含义有两方面:一是要求电力系统能够灵活包容新能源出力过程中的剧烈波动,尽量避免新能源限电情况的发生;二是系统消纳新能源不会产生更高的成本负担,不会造成电力系统运行成本的增加。在电力规划中,网架结构形式很重要,其不仅影响新能源的消纳能力,还决定了电网的运行模式。技术要点总结为以下几点:①合理分析电力系统的调峰能力;②合理分析系统调频能力;③分析电力系统传输能力;④以消纳能力为目标,对电力系统进行科学合理的规划。

1.2.2.4　面向高比例可再生能源并网的输电网规划评价

高比例可再生能源并网对电网规划评价的影响主要体现在以下几个方面。[18]

(1)高比例可再生能源引入的强不确定性

风电、光伏等出力具有明显的随机性、间歇性,使电力系统运行点变化明显,电力系统运行形态的分散程度增加,难以通过几个典型运行状态进行刻画。首先,可再生能源发电的时空波动性给源端和荷端带来了较大的不确定性,使电力系统的运行状态和边界条件更加多样化,未来的电网运行需要具有更大的"可行域"。高比例可再生能源并网以后,灵活性将成为电网运行环节的重要指标,包括调峰、调频、爬坡等在内的灵活性量化评价指标将成为输电网规划方案综合评价中的必要组成部分。其次,强不确定性对电网的安全性提出了更高的要求。在面向高比例可再生能源的输电网规划方案综合评价指标体系中,安全可靠性指标需要进一步丰富和深化,以充分反映高比例可再生能源带来的影响。同时,还需要考虑高比例可再生能源并网可能带来的规划准则的变化。

此外,输电网规划评价指标的计算将由目前确定性的思路向概率性的思路转变。当可再生能源占比较低时,传统的火电、水电、核电能满足系统电力电量平衡的要求,非水可再生能源主要作为补充电源,此时评价指标的计算主要采用确定性方法。而在高比例可再生能源并网下,可再生能源将在系统的电力电量平衡中承担较为重要的角色,系统的电力电量平衡呈现概率化的特点。在对高比例可再生能源并网的输电网规划方案进行评价时,需要引入不确定性的分析方法,系统典型运行方式的选取也将发生变化。

(2)可再生能源消纳的压力

高比例可再生能源并网的输电网规划评价,不仅要满足负荷发电平衡,而且要将可再生能源的消纳能力作为评价规划方案的重要指标。通过评估可再生能源各种出力方式下待选输电网规划方案对可再生能源的消纳能力,计算可再生能源总体弃电量,保证所选规划方案能够满足既定的可再生能源消纳目标,从根本上缓解中国部分地区较为严重的弃风、弃光、弃水问题。

高比例可再生能源的消纳,将在一定程度上影响其他类型能源的送出,引起系统运行成本的上升。对于满足可再生能源消纳目标的电网规划方案,还需要评估这些方案的可再生能源消纳成本,保证成本在可接受的范围之内,确保可再生能源消纳成本效益最高。

(3)高度电力电子化与交直流混联的挑战

随着风电、光伏等可再生能源通过电力电子装置的高比例接入和柔性直流输电技术的广泛应用,考虑不同电力电子装置的运行特性与控制策略,分析其稳定机理,建立合理的可靠性评估模型显得尤为重要。在输电网规划方案综合评价中,要充分计及电力电子设备对电力系统安全可靠性的影响;同时比较直流输电和交流输电在技术特性和经济成本上的差异,综合成本效益,选择合适的输电方案。

1.2.3 交直流混联电网规划

1.2.3.1 直流电网的特点与优势

直流电网是由多个换流站和直流线路构成不同拓扑结构的输电网络,是保证清洁能源在大范围内高效汇集、灵活传递及分散消纳的重要手段。直流电网主要具有如下优势。[19]

(1)可提高清洁能源并网发电的安全稳定性

电压源换流器(Voltage Source Converter,VSC)作为柔性直流电网的重要组成部分,具有独立的有功和无功控制、动态无功支撑、向无源系统供电等多种控制模式,且控制响应速度快,使得直流电网控制灵活、调节快速、适应性强,可大范围平抑风电、光伏等波动源对电网造成的影响。此外,直流电网不用考虑电压的相位和频率,不存在两端交流系统之间同步运行的稳定性问题。与两端直流输电相比,直流电网还可以利用直流线路的互为冗余性转供负荷,减少系统停运风险等。

(2)可提高能源与资源的利用效率

利用风电、光伏等能源的时空互补特性,在全局范围内进行功率的调节互济、平衡波动,以最小的损耗和最大的效率对电能进行传输和分配,有利于减少储能设备的投入,降低对现有电网的冲击,提高新能源的利用效率。直流电网由直流线路互联组成,能够实现更大范围的资源配置,各新能源发电系统之间可互为冗余,获得较好的经济效益和社会效益。

(3)可应用于多种场景

与常规直流(基于电网换相换流器,Line Commutated Converter,LCC)相比,柔性直流(基于电压源换流器 VSC)无须交流电网提供换相电压,无换相失败问题,在弱系统下可黑启动和运行,占用面积小,可用于大规模陆地可再生能源接入、海上风电场群集中送出、海上钻井平台供电等场合,但也存在系统损耗相对较大、直流侧故障难以清除等问题。LCC/VSC 混合直流电网可以结合柔性直流和常规直流的技术优势,提高防范换相失败风险的能力。此外,直流电网还可以实现多个异步交流系统互联,有利于实现长距离大容量跨国跨地区输电。在直流电网规划前,应结合 LCC 和 VSC 的不同特点与适用范围,对换流站类型进行初步选择。

1.2.3.2 交直流混联电网形态特性

考虑到传统电力系统的交流电源以及交流负荷还将长期存在,从技术经济以及充分利用原有交流配电系统存量资产的角度出发,交直流混合将是电力系统适应未来可再生能源高比例接入的重要发展方向。[20]

与传统交流系统相比，含高比例可再生能源的交直流混联电网最显著的特征是电力电子化。电力电子器件卓越的控制能力和灵活的电量转换特性，不但满足了可再生清洁能源大规模集中并网或高渗透率分散接入的要求，也迎合了未来用户高电能质量和用电形式定制等多样化用电需求。而除了各类并网装置，电能质量控制装置、固态开关、直流变压器等也应用了电力电子技术。随着固体电子技术与碳化硅等宽禁带半导体新材料技术的快速发展，这些电力电子器件的集成化、模块化程度越来越高。

在可再生能源高渗透率接入和电力电子化的双重驱动下，交直流混联的电力系统结构形态发生了巨大的变化，主要表现为以下几点。

（1）自然潮流变为可控潮流

在传统交流系统中，潮流按阻抗大小自然分布，系统中的机械、电磁设备对潮流分布的调节能力很弱。在交直流混联电网中，由于柔直换流装置普遍具备有功、无功功率解耦控制，双向功率控制，并可实现一定程度的电能质量治理，系统可控性大幅提升，可通过调节各类换流设备的控制模式及控制量参考值改变潮流分布。

（2）源、荷界限模糊化

在供电侧，除传统电源和可再生能源之外，储能和电动汽车等具备双向功率互动能力的负荷也可作为柔性电源参与系统的运行调节。在受电侧，具备主动响应能力的负荷也不断涌现，以满足用户参与电力市场和系统管理的新需求。

（3）输配系统功能边界趋同

在交直流混联电网中，源、荷在各个电压等级均可实现集中式接入和分散式多点接入，潮流双向特征明显，与传统交流系统相比，输配电网络都能在更大范围内实现能源外送和就地消纳的灵活转变，输配电网络功能不再固定。

（4）多重强不确定性

交直流混联电网为分布式电源、各类新型负荷提供了即插即用接口。由于可再生能源的大规模分布式接入，电源出力波动超过负荷波动成为系统不确定性的主要来源，同时，在市场因素影响下，需求侧响应、微网组网交易等负荷波动影响因素更加多样。另外，由于交直流混联电网的组网模式与换流设备的控制模式密切相关，设备特性的漂移和组网结构参数的变化也给系统带来了新的不确定性。

（5）系统稳定运行机理更加复杂

交直流混联电网中大量电力电子装置的使用，使得系统频带大幅拓宽，系统惯性变小、短路容量变小，功角稳定、电压稳定过程缩短，次同步振荡与超同步振荡也逐步显现，振荡频率由低频向高频移动，这主要是由电力电子设备控制响应时间普遍极短造成的。

（6）传统电力系统保护不适用

交直流混联电网对提取故障特征、保护动作速度要求高，而电力电子装置短路后模型与现有交直流系统装置短路后模型差别大，现有算法与之不匹配。同时，交直流混联电网的潮流双向可控，加大了保护选择性及保护配合的实现难度，导致部分现有保护装置不再适用。

1.2.3.3　交直流混合电网规划技术面临的挑战

规划作为支撑系统可靠、安全、经济、灵活运行的基础性工作，需要充分考虑系统运行的各类工况及不确定性。基于运行环境、设备参数选项、负荷预测数据以及供电结构等已有的网络信息，综合考虑功率平衡、网络安全、发电机出力限制以及换流器自身约束等条件，对规划方案的经济性、可靠性、环境适应性和供电能力进行综合评估。通过优化配置方法从交直流传输线路的网架结构、分布式电源的容量和接入位置、换流设备的容量和接入位置以及多端口换流设备的端口参数等所有预选配置方案组合中确定优的配置组合，达到经济效益高、损耗小、清洁能源使用率高等目标。在交直流混合的高比例可再生能源系统中，传统规划技术主要面临以下几个方面的挑战。

（1）"源网荷储"互动耦合特性凸显，系统各部分规划需要协调进行

依靠交直流混联电网的可控性优势，电力系统可以实现"源网荷储"协同优化运行。传统规划方法中电源与网架分开优化计算将导致电源与网架配置不匹配，实际运行时容易出现运行阻塞及弃光、弃风现象。另外，储能和负荷侧的主动响应在电力电量平衡中的作用也不断凸显，对系统健康运行的影响更加复杂，需要研究"源网荷储"协同规划方法。

（2）运行方式多样化，场景构建需要计及源荷不确定性

在波动性可再生资源高比例接入场景下，依靠选取特定极端工况、留足容量裕度的规划方法不能有效解决电力电量平衡概率化问题，而且所得方案未计及可再生能源波动性对电网运行成本的影响，最优方案的经济性和灵活性不足。传统的电力系统规划可以通过若干种典型的运行场景进行评估，而未来电力系统在强不确定性环境下，系统运行方式多样化，需要对系统运行场景进行全面评估，才能掌握电网规划方案的可靠性、经济性和适用性，因此需要研究计及多重不确定性场景的提取方法。

（3）系统可控性增强，运行模拟需要更加精细

交直流混联电网中，潮流分布受换流设备控制模式影响，运行状态和控制方式极大程度地决定了运行成本，规划方案与运行工况紧密耦合。在可再生能源高比例接入场景下，系统多点潮流波动显著，规划方案需计及可再生能源波动性对电网运行成本的影响，因此需要研究计及换流设备控制模式影响的运行模拟。

（4）系统结构更加复杂，规划建模与求解需要更加灵活

交直流混合的可再生能源系统是一个结构复杂、影响因素和不确定性繁多的系统，而规划设计又需要满足多电源供电、多落点受电、直流线路之间可自由连接、互为冗余等条件，建立规划模型时需要处理不同范围内、不同时间尺度下系统内外的大量数据，用以建立、修正数学模型、约束条件及目标函数。在这种复杂系统中，如果决策和优化仍然使用整体、统一、无差别的分析和求解方法，将导致过大的计算量、系统建模变量的维数灾等问题。

1.2.4　微电网的规划

微电网作为未来配电系统中重要的接入形式之一，其产生源于分布式电源的发展，是未来解决高渗透率分布式电源接入问题的可行手段，在传统配电网向主动配电网、智能化配电网的过渡阶段也将起到较为重要的作用。为了便于对高比例可再生能源进行

运行控制,需要将分散的可再生能源组网接入。这些可再生能源可以通过微网接入,还可以考虑虚拟电厂、胞元电网自治电网等。[21]

基本公认微电网是由各种分布式电源、储能单元、负荷以及监控和保护装置组成的集合,具有并网运行和孤岛(自主)运行两种模式,并能相互切换,可同时为用户提供电能和热能。微电网的系统容量一般在数 kW 至数 MW 之间,电压等级在 400V 到 10kV 之间。为了便于风、光电源大规模地接入,微电网的电压等级及容量的边界也有较大的变化,国内外也出现了超过 10kV 以及百 MW 级的微电网。

微电网与传统配电网的不同之处在于,传统电网容量大而且相对稳定,可以假设电源是充足的,在网络规划时无须考虑电源,只要考虑运行时的电力电量平衡。由于微电网存在并网与孤岛两种状态,在规划时要考虑孤岛运行时的负荷与本地电源的自平衡问题,以及由此带来的可靠性和经济性问题。

微电网规划现有研究大多会计及分布式电源、储能、电动汽车的影响,并考虑规划方案的运行经济性和社会效益。随着微电网发展建设的逐步深入,相邻微电网之间存在互联时可以形成微电网群,多个微电网之间的协调规划将成为新的研究点。此外,还可以在规划模型中考虑可靠性问题,并针对分布式电源与负荷的双重不确定性,开展以长时间尺度内综合效益最优为目标的微电网规划研究。未来,微电网还可能向交直流混合微电网方向发展,对此类混合微电网的规划研究也是重要的研究方向。

1.2.5　多目标、多阶段电网规划

输电网规划是保障电力系统安全稳定运行的重要组成成分,它是根据电力系统负荷及电源发展规划对输电系统的主网架做出的发展规划。[22]电网规划工作涉及多条件约束及多目标优化,对理论和实践都有较高的要求。

随着电力市场的兴起与发展,电网规划不再仅仅以节省投资为目的,提高系统的可靠性、降低系统的风险水平和追求全社会效益的最大化等要素也应考虑在内。基于全寿命周期成本(Life Cycle Cost,LCC)理论的资产管理对设备及系统的整个寿命周期进行了全面的分析,在此基础上,综合考虑安全、效能、成本之间的关系,为电网规划方案的比选提供依据,已逐渐为现代电网规划接受并应用。

目前,电网规划多以规划初短期内的投资作为经济性目标进行优化,忽略了中长期时间段内运行场景的不断变化,可能会造成可靠性的牺牲,从而使系统长期运行、故障成本大幅增加,因此规划中的经济性目标需涵盖较长时间段内产生的所有成本。另一方面,电力系统中长期规划中,扩增行为不能仅局限于初始规划点上,而应考虑非同步投运的情况,在整个研究年限内进行统一规划寻优,形成阶段式的扩增序列。[23]

参考文献

[1] 盛万兴,吴鸣,季宇,等.分布式可再生能源发电集群并网消纳关键技术及工程实践[J].中国电机工程学报,2019(8):2175-2186,1.

[2]潘旭东,黄豫,唐金锐,等.新能源发电发展的影响因素分析及前景展望[J].智慧电力,2019(11):41-47.

[3]陈国平,董昱,梁志峰.能源转型中的中国特色新能源高质量发展分析与思考[J].中国电机工程学报,2020(17):5493-5506.

[4]李琼慧,叶小宁,胡静,等.分布式能源规模化发展前景及关键问题[J].分布式能源,2020(2):1-7.

[5]程采奕.浅析分布式发电对电力系统分析的影响[J].现代盐化工,2019(6):64-65.

[6]董逸超,王守相,闫秉科.配电网分布式电源接纳能力评估方法与提升技术研究综述[J].电网技术,2019(7):2258-2266.

[7]林峰.电动汽车充电设施建设分析及展望[J].通讯世界,2017(16):131-132.

[8]崔继慧.电动汽车充电设施与发展现状研究[J].科技与创新,2019(15):72-73,75.

[9]伍福平,王小军,袁泉,等.电动汽车充电设施的现状与问题分析[J].科学技术创新,2018(32):195-196.

[10]谭泽富,张伟,王瑞,等.电动汽车无线充电技术研究综述[J].智慧电力,2020(4):42-47,111.

[11]吴理豪,张波.电动汽车静态无线充电技术研究综述（上篇）[J].电工技术学报,2020(6):1153-1165.

[12]倪思平.电力市场环境下电网规划若干问题[J].中国新技术新产品,2017(18):113-114.

[13]吕礼鹏.电网规划相关问题分析及思考[J].科学技术创新,2018(35):39-40.

[14]左卓文.关于电力市场下电网规划思路探析[J].科技创新与应用,2016(33):191.

[15]舒隽,韩笑,韩冰,等.考虑电力市场中市场力缓解的电网规划[J].电网技术,2019(10):3616-3621.

[16]朱岩,李文建,冯晗,等.基于新能源消纳的电网规划方法[J].农村电气化,2018(11):64-66.

[17]唐鹏.适应新能源发展的电力规划分析[J].节能,2018(12):24-25.

[18]程耀华,张宁,王佳明,等.面向高比例可再生能源并网的输电网规划方案综合评价[J].电力系统自动化,2019(3):33-42,57.

[19]陆晶晶,贺之渊,赵成勇,等.直流输电网规划关键技术与展望[J].电力系统自动化,2019(2):182-191.

[20]李婷,胥威汀,刘向龙,等.含高比例可再生能源的交直流混联电网规划技术研究综述[J].电力系统保护与控制,2019(12):177-187.

[21]李宏仲,吕梦琳,胡列翔,等.第24届国际供电会议研究成果综述——微电网的规划与运行[J].电网技术,2019(4):1465-1471.

[22]鄢晶,杨东俊,郑旭,等.基于模糊化SEC综合指标体系的电网规划经济性评估方法[J].电网与清洁能源,2017(11):51-58.

[23]曹相阳,李文博,丛森,等.考虑全寿命周期成本的发输电多阶段扩展规划[J].电力系统及其自动化学报,2019(9):123-129.

第2章　现代电网规划的思路及方法

2.1　传统电网规划的内容

2.1.1　电网规划要解决的问题

通常意义上的电网规划是网架规划,即以现有电网结构、电源规划、负荷预测为基础,进而确定需要建设的电力线路,以满足规划年限内的负荷增长需求;同时还应满足各种运行约束条件,使电力网络的投资、运行、维护费用最小,可靠性最好。实际上,它还应包括变电站的选址及定容等课题。电网规划的目标是:在满足对负荷安全供电和系统运行约束的前提下,通过一系列的衡量指标来确保所确立的网架为最优方案。[1,2]

电网规划实质上是一个动态的多阶段决策过程,旨在通过寻优和决策过程寻求一个最优的设备投入方案。但在规划年限内求得的各阶段性最优方案的组合并不一定等于整体性最优方案,因而需要在各阶段最优方案之间进行协调。

总之,电网规划是一个大规模的组合优化问题,从本质上来讲就是要解决电力设备选择的定位问题。

2.1.2　电网规划的特点

(1)多目标

多目标是指电网规划中涉及的目标通常以费用函数的形式反映在模型中,包括高可靠性、经济性、运行最优、环境影响最小等。

(2)多约束

多约束是指通过大量的约束条件完成对各目标的限制,使系统可靠、经济地运行,包括变电容量、电压、功率、线路与走廊、投资预算等约束。

(3)多阶段

为从长远角度考虑电网的整体性布局,避免规划的盲目性和短视行为,电网规划应分阶段进行,并计及前后阶段性规划之间的影响。

(4)非线性

电力系统中除目标函数具有非线性外,大部分决策变量为离散值。若都将其线性化,虽能降低问题的难度,却不能反映实际问题。

(5)不确定性

负荷预测、发电量、投资单价等基础数据与现行和今后的政策以及供用电的市场化相关联,还包括其他不可测因素。

(6)动态性

电网规划是一种多阶段规划,其动态性体现在规划年限内需要建设的电力设施是分阶段逐次进行的,而非在水平年一次性完成。

(7)多维性

动态电网规划问题涉及的决策变量较多,其维数是指各阶段上状态变量的维数。当维数增加时,其计算量亦呈指数倍增长,即出现维数灾。

(8)难协调

各目标之间存在相互冲突的现象,如高可靠性和低成本的矛盾。另外,各目标的优先级、决策变量的量纲等,都需统一协调或转换。

(9)规模大

电网规划涉及的地域广,设备可选择性大,从目标数、决策变量数、约束条件数等数量的多少即可看出其庞大的数据处理量。

(10)非凸性

非凸性即规划方案在非凸的解域内。解域的非凸性呈多峰状,说明存在着局部最优值,这易使规划方法陷入其中,较难摆脱。

因此,电网规划问题是多项式复杂程度的非确定性问题,即 NP-Hard(Non-deterministic Polynomial Hard)问题。

2.1.3 常规电网规划的方法

电网规划是电力系统规划的重要组成部分,其任务是根据规划期间的负荷增长及电源规划方案确定相应的最佳电网结构,以满足经济、可靠性地输送电力的要求。其研究内容包括网架规划、无功规划、稳定性分析及短路电路分析。

电网规划的常规方法可分为启发式和数学优化两大类,它们的共同特点是以预测结果所确定的未来环境为基础,建立数学模型,求出最佳规划方案。电网规划需要考虑各种不确定因素的影响,存在维数灾、局部最优、约束条件和目标函数不易处理等问题,很多智能规划方法、层次分析法由此应运而生。

2.1.3.1 启发式方法

启发式方法是一种以直观分析为依据的算法,通常基于系统某一性能指标,对可行路径上相关线路参数做灵敏度分析,根据一定的原则,逐步迭代直到得到满足要求的方案。启发式方法主要可分为过负荷校验、灵敏度分析、方案形成三个部分。启发式方法的优点是直观灵活、计算时间短、易于同规划人员的经验相结合,缺点是难以选择既容易计算又能真正反映规划问题实质的性能指标。它不是严格的优化方法,不能很好地考虑各阶段各架线决策间的相互影响,并且当网络规模较大时,各方案在指标上差别较小,难以优化选择。

2.1.3.2　数学优化方法

数学优化方法是对电网规划建模,将其视为有约束的极值问题,用优化理论进行求解,常用的方法有线性规划、多目标规划、动态规划等。数学优化方法在理论上能够保证方案的最优性,但由于电网规划要考虑的因素很多,故其建模困难、求解困难。再者,数学无法做到全面描述电网规划中实际遇到的所有影响因素,这必然导致方案存在理论和实际脱节的风险。这种情况下,最优性是可疑的。

2.1.4　现代电网规划方法

现代电网规划方法是一种通用的优化算法。它的一个重要特点是所有这些方法均能实现并行计算。由于现代电网规划方法在求解组合最优问题时表现出的卓越性能,在过去的 20 年中,它受到前所未有的关注。现代电网规划方法很多,主要包括人工智能规划方法、不确定系统规划方法、层次分析法等,下面分别就这些方法进行讨论。

2.1.4.1　人工智能规划方法

人工智能规划方法是研究、开发用于模拟、延伸和扩展人的智能的理论、方法、技术及其在电网规划中的应用。目前常用的有禁忌搜索算法、专家系统法、免疫算法、人工神经网络法、遗传算法、蚁群算法等。

(1)禁忌搜索算法

禁忌搜索法(Tabu Search,TS)是对人类思维记忆过程的模拟,是一种全局性邻域随机搜索扩展技术。

TS法是包含多策略的混合启发式算法,TS法的特点包括如下方面。

①寻优时可接受劣解,具有"爬山"能力。

②局部搜索能力较强。

③能避免搜索迂回和局部最优。

但在电网规划的应用中,TS法还存在依赖初始解、单线搜索、获优率低等不足。

应用于电网规划时需注意下述策略。

①邻域移动:包括单个移动、交换移动等方式。不同方式对算法效率影响较大且目前给出的邻居取样数尚无理论基础。

②禁忌表(Tabu List):表的长度 L_{max} 和保留期 T_{max} 是设计该表的两个重要参数,直接影响着解的质量和搜索效率。建议根据迭代过程采用可修改参数的动态禁忌表。

(2)专家系统法

专家系统法(Expert System,ES)是基于知识的智能问题求解系统。适用于解决不确定性的、非结构化的、无算法解的大规模组合优化问题。在电网规划的应用中,ES法能以专家的经验为指导,对模型、算法、方案评估等环节做出适宜的简化,降低问题复杂度,获得最优解和执行效率之间的平衡。开发ES法常遇到信息获取困难、周期长、自学习机制弱、不具通用性等问题,有待深入研究。文献[3]从输电网规划领域的内容、要求、约束、一般规划方法、ES法的应用潜力、基于知识的各子系统等方面进行了回顾,文中为进一步研究和发展提供了建议。

(3)免疫算法

免疫算法(Immune Algorithm,IA)的思想源于人体的免疫系统的防御机制。

IA法具有鲁棒性、多样性、并行性、自适应性以及可识别、学习、记忆等优点,能以较高效率寻得全局最优解。但同其他启发式方法一样,IA法也缺乏理论基础,在求解电网规划的这类多目标优化问题时,也会有早熟收敛现象。该算法的改进,目前主要通过与其他算法或技术相结合来改善IA各个环节的效率来提升IA法的整体性能。文献[4]利用信息熵概念和模糊控制方法,有效地确保了种群的多样性和高频变异的变异率,成功地解决了早熟收敛问题。

(4)人工神经网络法

应用于电网规划的人工神经网络法(Artificial Neural Network,ANN)主要为Hopfield网络。ANN具有强大的非线性映射能力、大规模协同作用和集体效应、并行性、容错性和鲁棒性、无须数据归一化处理等优良特性,适于求解类似电网规划这类大规模组合优化问题。ANN主要通过微分方程的数值解法来完成,具有较高的执行效率。与多数方法一样,ANN也会出现陷入局部最优、参数敏感等问题。文献[5]结合Greedy法给出了初始可行解,并采用Hopfield神经网络的改进动态方程进行了多阶段变电站规划,大大降低了陷入无效解的概率。

(5)遗传算法

遗传算法(Genetic Algorithm,GA)是电网规划采用的一种智能优化方法,它根据优胜劣汰的原则进行搜索和优化,可以考虑多种目标函数和约束条件,特别适用于整数型变量的优化问题。[6]遗传算法的操作简单,通过交叉和变异完成进化,相对灵敏度分析线性规划等数学方法更便于执行,对于大型电网规划问题,则直接将网络的运行计算结果计入评价值,不需要分解处理,从而避免了由于分解或线性化造成的误差,而且该方法为多点寻优,不受搜索空间的限制性约束,不要求连续性、导数存在、单峰等假设,可以考虑多种目标函数和约束条件,使其在解决电网规划这种多目标、多约束、非线性、混合整数优化问题中受到重视。[7]更重要的是,遗传算法在获得最优解的同时也能给出一些次优解,这弥补了数学优化只能求得单解的不足。这种多解的情况使工程技术人员可以充分发挥主观能动性,利用实际工程经验在多解中进行分析判断,再进行综合评定,得到符合实际情况的规划方案。遗传算法目前存在的问题是其收敛的数学机理还未完全搞清楚,和算法收敛有关的控制参数,如种群规模、交叉率和变异率等还有待研究,在参数选取不当时有收敛到局部最优点的可能性,且计算速度还较慢。

(6)蚁群算法

蚁群算法(Ant Colony Optimization,ACO)是一种以网络图上蚁群留下的信息素

(pheromone)为交流方式来指导寻优路径的新型通用启发式概率搜索方法。作为一种新兴的智能算法,ACO法具有良好的正反馈、鲁棒性、群体性、并行性、分布式计算和贪婪启发式搜索的特点[8],适合求解像电网规划这类具有离散特征的大规模组合优化问题。但在应用中,ACO法的蚁群规模不宜超过网架图中的节点数。

目前已有许多改进版的蚁群算法应用于电网规划中,其共同点是增强蚁群搜索过程中的寻优能力,差异仅在搜索控制策略方面。通过引入局部搜索技术可使ACO在应用中获得最佳结果。

2.1.4.2　不确定系统规划方法

电网规划中的规划参数有明显的模糊性和随机性,对规划结果会产生很大的影响。不确定系统规划方法能对不确定性信息建模并有效求解,主要有以下几种。

(1)模糊集理论

模糊集理论是一种近似处理方法,采用该理论能恰当地处理前述电网规划的三个突出问题:多目标性、不确定性、难协调性。该方法能够很好地解决由电力市场和相关政策所带来的电源建设和负荷增长的模糊性,可在一定风险下实现规划的经济性,获得的最终解能使各目标总体实现程度最好。该方法的缺点为:

①最优解对隶属函数的选取依赖性强;

②在引入其他模糊算子的同时也使得模型非线性化,影响求解效率。

文献[9]将模糊理论和概率论相结合,利用三角模糊数表示不精确的数据,为不确定环境下的实际规划问题提供了解决途径。

(2)灰色系统法

电网规划时,常会遇到某种资料的部分信息未予明确而难以进行下去的困难。近年来提出的灰色系统理论对此做出了解答,它是根据不确定信息之间发展趋势的相似或相异程度,亦即"灰色关联度",作为衡量各信息间关联度的一种方法,能处理"小样本、贫信息"不确定性问题。该理论是以灰色模型(Grey Model,GM)为核心的,目前主要用于解决电网规划中的负荷预测、规划方案选择等。

文献[10]提出了一种灰色负荷信息的电网规划方法。其中融入了传统线性潮流估计技术,利用信息白化技术和多级决策的GM模型为电网扩展规划赢得了投资风险较小的目标。但GM模型的预测精度较差,有赖于决策者对实际情况的把握,只适用于资料不完善的远景年的网架规划。另外,信息白化技术尚无很好的理论基础,有待进一步研究。

(3)盲数规划法

盲数规划法用盲数描述和处理电网规划中的各种不确定性信息,获得更加准确的初始数据信息,从而得到具有更好的灵活性、适应性和可靠性的规划结果。其中,盲数的本质是定义在有理灰数集上的灰函数,可以表达和处理具有多种不确定性的信息,包括盲信息、灰信息、随机信息等,能够反映每种信息的综合可信度。有学者利用盲数模型(BM)获得了盲数潮流约束,能很好地反映未来环境变化时潮流的范围,但未充分考虑多种不确定性信息的影响,而且信息不应只服从随机性或灰性。文献[11]对此做了改进,将模糊集理论与盲数模型相结合,扩充了盲数的应用领域,给出的盲数模糊评价方法能处理多种不确定性因素。目前应用上的困难主要如下。

①盲数的计算量过大,引入的简化措施不利于盲数规划的准确性。

②目前尚未考虑各信息之间的关联性。

虽然盲数规划法存在上述缺点,但却为灵活电网规划的研究提供了有效途径。

(三)层次分析法

层次分析法是一种定性与定量相结合的决策分析方法,充分考虑了定性因素的影响,结合专家的经验判断,对问题进行综合分析评判,再运用简单易懂的数学方法形成判断矩阵,经过计算得出量化的结果。层次分析法体现了人们基本的决策思维,是解决多准则、多目标决策问题的一种较为有效的方法。

2.2 电网的传统规划流程

2.2.1 规划流程的具体内容

电网规划流程的设计主要包含以下四个方面的内容。[12,13]

(1)规划目的与规划依据

电网规划应以电网的安全标准和电网规划设计技术导则为指导,同时加强与地方经济发展的联系,在现有的基础与水平上,实现电网有效率、有计划地发展。

(2)基础资料收集

收集历史资料和现状基础资料是为现状分析做准备,在全面、客观地掌握电网运行情况的基础上,找准电网的薄弱环节,有针对性地提出规划解决思路。

(3)电网现状分析

分析地区的社会经济、功能定位、电源现状、规划区电力需求、运行情况以及网架结构等现状,对电网存在的问题及其原因进行总结。

(4)电力电量的负荷预测

电力电量的负荷预测包括地理位置、负荷特性、周期性以及社会用电情况等内容,主要影响因素有季节、社会与经济环境、负荷水平及气象条件等。

除上述提到的内容外,电网规划流程还包含电源规划、电力电量平衡、明确规划的技术原则、输电网和高压配电网规划、中压低压配电网规划、投资估算、规划方案评估、编制规划报告、规划成果评审等环节,具体见图2.1。

负荷预测是电网规划最关键的技术之一,其主要是对用电量、最大用电负荷、供电量及最大供电负荷的预测。目前,开展负荷预测有基于参数模型预测与非参数模型预测两种方法。参数模型预测是一种传统的方法,其主要是根据对负荷以及影响负荷的因素的分析,构建负荷数学模型,利用负荷密度法、综合用电水平法、外推法、单耗法等方式进行

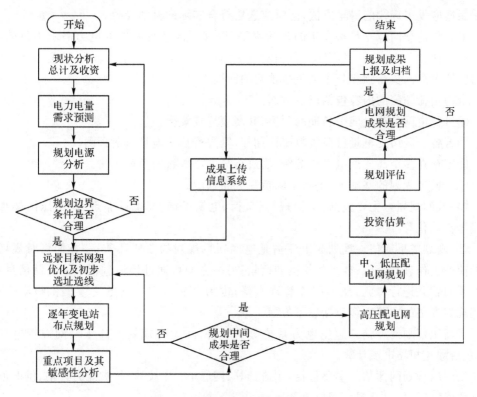

图 2.1　传统电网规划设计流程示意

求解;非参数模型预测针对非线性、多变量、时变以及不确定的电力负荷,使用模糊预测法、专家系统法、灰色预测法以及遗产规划法等方式进行求解。规划人员可以根据实际情况,对比各预测方法的优劣,合理选择预测方法。

2.2.2　城市电网规划基本流程

对城市电网进行规划研究前,需清楚了解电网规划的基本流程,可通过查阅相关文献、城网规划导则和报告等文件获得。[14,15]电网规划的基本流程总结如下。

(1)城市现状及发展概况调研。城市电网是城市重要的基础设施之一,城市电网规划应纳入城市总体规划中,成为其重要的组成部分。为使电网规划与城市总体发展规划相协调,应充分收集城市社会、经济及市政规划方面的资料。具体调研的内容包括:城区概况、社会国民经济情况以及城市总体规划。

(2)现状电网分析。城市现状分析是未来电网发展、规划及建设的基础与依据。因此必须对城市电网现状进行分析。主要包含:当前高、中压电网的基本情况;供电分区,电网容载比,变电站数量、容量和型号等;线路长度、型号等;高中压电网接线模式、设备状况、电源分析和电网各考核指标等。

(3)电力需求预测。负荷预测是城市电网规划中的基础工作,是制订电力系统发展规划的重要依据。负荷预测具有较强的科学性,需要大量反映客观规律性的科学数据,并采用适应发展规律的科学方法,同时应选用符合实际的科学参数。

电力负荷预测应立足基准年的负荷水平,以规划区经济发展的电力需求为目的,提出多种负荷预测方法,并对不同负荷预测方法的相关结果进行对比分析,确定预测方案。同时应注意配网负荷预测与主网负荷预测的衔接。

电力负荷预测的内容包括以下方面。

①进行电网负荷发展中长期的预测,并展望远景规模。

②若各分区历史电量负荷资料统计翔实,则进行分区电量负荷预测。

③若存在多个高压配电电压等级,需进行分电压等级的负荷预测。

④在城市规划的基础上,进行空间负荷分布预测。

(4)城网规划。主要包括:电源规划、负荷、电量平衡、变电站布点、高中压网架规划和配电自动化等。

(5)规划成果评估。规划成果评估是电网项目规划的重要环节,一方面可对规划项目的前期工作进行全面、客观的检测和衡量;另一方面可通过评估过程中的反馈信息,及时发现问题并进行修正,从而提高管理水平,也为今后电网规划的决策提供科学依据。电网规划评估的主要内容包括以下方面。

①高压规划网评估。运用电力系统分析软件 BPA 对规划的高压电网进行电气计算,包括潮流短路电流计算。

②中压规划网评估。主要包括:潮流计算、网络 $N-1$ 校验、抗灾能力评估、供电可靠性评估、经济评估以及规划网成效对比等。

(6)投资估算。投资估算是指在项目投资决策阶段,按照现有资料和特定的方法,对建设项目的投资数额进行的估算。投资估算是建设项目决策的重要依据。根据规定,在整个建设项目投资决策过程中,必须对建设工程造价进行估算,并据此决策是否投资建设。投资估算的准确性十分重要,若估算误差过大,将导致决策的失误。因此,准确和全面地估算建设项目的造价是项目可行性研究的重要依据,也是整个投资决策阶段工程造价管理的重要任务。城市电网规划流程如图 2.2 所示。[16]

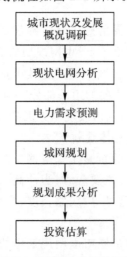

图 2.2　城市电网规划流程

2.3　传统电网规划面临的问题

2.3.1　电力市场改革背景下的电网规划

传统的电网规划是作为统一的电力系统规划的组成部分由电力公司统一进行,它一般以确定最佳发电资源规划为主,而输变电规划围绕发电规划展开。

电力市场改革以后,一方面电网企业作为受政府严格监管的垄断部门,电网规划应追求整个社会利益的最大化;另一方面,电网部门被单独划出,电网投资者的直接目的将从原有的发、输、配电总体利益最大化转变成电网运行和建设利益最大化。

达到这两个目标主要依靠市场体制建设,并通过详细而量化的经济核算即项目的经济效益确定电网建设方案。

2.3.1.1　电力市场改革增加的不确定性因素

市场化改革以后,增加的许多不确定性因素将极大地影响电网规划的经济性风险,规划时应尽可能地将这些不确定性考虑进电网规划模型,这些不确定性因素主要是以下四个方面。[17]

(1)电力交易的不确定性导致新的潮流模式,使得原有的网架不一定适应现在的潮流模式,往往有可能造成新的传输瓶颈。

(2)相对于电源项目,线路建设周期往往较长,电源建设的不确定性有可能导致线路建设失去原来的意义。

(3)未来负荷发展的不确定性,除了负荷发展本身的不确定性,还应考虑需求侧管理的影响,即考虑负荷在需求侧管理(Demand Side Management,DSM)模式下的不同负荷特性。[18]

(4)电网规划中的经济不确定性因素,如环保、市政、利率等的约束。

2.3.1.2　电力市场改革下对电网规划的新挑战

(1)市场环境[19]

传统体制下电网企业作为单独买方和单独的卖方直接参与市场交易,市场控制力很强,投资来源和收益风险都较小。而在电力市场环境下,电网企业的买卖电职能被削弱,角色转变为发电企业与电力用户之间的输配电服务提供者,市场控制力明显减小,更依赖于电网规划来保障电网投资的合理收益。在电力市场环境下,电网规划面临的不确定性因素增多,如新能源不确定性、负荷变化趋势难以预测、系统潮流不确定性、电价波动变化等,这给规划方案带来了无法满足安全稳定性约束条件,或因市场的不可精确预测和各参与方市场行为的不确定性产生低投资收益等诸多风险。

（2）投资决策

从我国输配电价改革的原则和方向上看，电网环节采用的是"回报率监管"模式，即根据合理回报率计算准许收益。"回报率监管"模式要求电网投资能准确反映电网资产水平与电量需求之间的动态关系，若投资过高而电量增长难以实现，则会降低电网投入产出效益，影响电网后续发展；若投资过低而电量增长超过预期，又将难以满足经济社会的发展需求。另外，随着电网企业逐渐转型为输配电服务，其社会服务型企业的定位进一步得到落实。电网投资的社会性效益、环境性效益（如解决缺/无电人口数等社会性功能投资、清洁能源高效利用）、传统能源替代潜在效益等方面的考量比重将得到提升。

（3）网源协调发展

根据国家出台的宏观能源政策，我国新能源发电装机占比将会继续提升，而新能源因其自身的特点，将导致网源协调规划难度增大。一方面，新能源出力受自然因素影响，具有随机性和波动性，其发电平滑性和可调度性均弱于传统电源，故在电网规划时应考虑配备充裕的输送容量和调节容量。另一方面，新能源发电利用小时数相对较低，在同样装机水平下其发电量远低于传统电源，电网配套建设的接入、送出工程利用效率偏低，投资回收周期更长，网源协调矛盾突出。

（4）负荷预测

随着售电侧的放开，售电公司大量涌入市场，针对用户制定差别化的电价政策，负荷波动变化情况更加复杂；而像分布式小电源用户、电动汽车等属于具有负荷和电源双重属性的不可控型负荷规模、数量的增加，也在一定程度上增加了系统负荷特性和潮流分布的复杂程度。由此可见，电力市场化改革环境下，电网规划时负荷预测的难度增大。传统基于地区经济因素建立负荷预测模型针对整个经济区域的负荷预测，将逐渐转移到加强对片区、台区、工业园区、产业园区等单项投资项目划片小区域的负荷预测，同时，单项投资项目所在片区的经济增速、产业结构水平、居民生活水平等不能照搬整个经济区域的数值，需要更加精细化的分析和预测。

2.3.1.3 电力市场条件下对电网规划的新要求

（1）提供足够的输变电容量，保证竞争市场电力交易的顺利进行。

（2）市场的开放性，允许其他市场参与者公平地接入和使用这些输变电设备。

（3）根据符合需求和网架需要安排电网建设，而不是无条件地满足所有电厂和所有机组的送出要求，电网规划方案应该能体现对电源规划的反作用，引导电源分布。

（4）单独核算电价中有关电网部分的费用，即输电服务价格，同时根据电网规划的可靠性水平和将来的市场预期核算电网输电效益，按照经济效益确定电网规划方案。

（5）电网的经济适应性，由于市场情况下不确定性的增加，电网规划方案应该能适应比原先大得多的场景变化。

2.3.1.4 市场化条件下电网规划的步骤

（1）预测未来的电源规划和负荷变化趋势。

（2）基于现在的电力系统运行情况和将来的电源、负荷预测，预测未来的电力市场情况和电价水平。

（3）各种规划方案的分析和筛选。

（4）提出候选的规划方案。

（5）估算可能的受益情况并进行风险评估和投资分析。

其中，前两步是市场调研和预测，第三、四步是根据优化方法按电力市场条件的要求和所建立的新的规划模型寻找最优解的过程，第五步是对所得方案的经济性验证。

2.3.2　城市电网前期规划的问题和措施

简单来说，城市电网规划就是对电网系统的发展和改造计划，包括总体规划、分区规划、专项规划、详细控制规划等内容。[20,21] 电网规划的复杂性体现在需要大量的电网发展数据作为支持，必须对现有系统进行深入分析，并且了解城市的未来发展情况。电网规划的意义，一是优化配电系统，在降低系统损耗的同时，提高电网运行效率；二是对配电系统的结构进行优化，以提高供电可靠性；三是确定变电站容量、供电范围，为电力系统的运行管理提供依据。

2.3.2.1　存在的问题

第一，审核困难。完整的电网结构离不开前期的规划和建设，其中审批程序复杂、审批时间过长，是影响前期规划的两个重要因素。在电网建设工程上，国家采用核准制取代审批制，导致审批环节增多，为前期规划带来不利影响，也阻碍了前期建设工作。从实际情况来看，前期规划要求和地方政府、水利部门、建设部门沟通，从而获得建设许可；然后经过层层审批，才能获得施工许可；对于大型项目而言，还要在国家发改委备案处理。因此，电网工程能否通过审批是地质勘探、环保等部门共同决定的。审批环节互为前提，会消耗大量的人力物力，如果其中某个环节出现问题，就会影响整体审批进度，给规划工作带来难度。

第二，选线困难。目前，电网规划面临的一个重要问题就是用地资源短缺，无法保证建设工作的顺利开展。随着经济社会的发展，城市人口密度越来越大，建设土地面积逐渐缩小，例如变电站选址主要是农田、林场。另外，国家在建设用地的审批上要求严格，而且如果农田涉及农民的个人利益，可能面临着高额补偿，阻碍电网的建设工作。还有调查研究发现，如果电网规划企业和城市规划部门之间的沟通不畅，没有将电网前期规划纳入城市的总体规划中，也没有预留出相应的资源，就会给建设工作带来不利影响。

第三，存在环保压力。当前国家大力号召节能、绿色、环保，电网工程在规划期间，需要经过环保部门的审核，只有确定不会对环境造成污染，才能准许开工建设。随着人们环保意识的增强，对于有损个人健康、破坏生态环境的项目会持反对意见，电网工程也不例外。以施工建设为例，由于工程量大，可能存在加班赶工的情况，会对周边居民的生活造成干扰，再加上建筑垃圾不合理堆放，环保部门可能会收到群众的举报，影响审批结果。

2.3.2.2 解决方法

(1)争取政策支持

电网企业要想健康发展,就必须得到国家的政策支持,通过改善外部建设环境来调动政府的积极性。具体来说,电网企业应该和政府加强沟通,向政府告知电网规划和建设的好处,促使政府出台相关政策,来加快项目审批速度。电网建设不仅能缓解用电压力,而且会带动部分人员就业,因此对于企业和政府而言是一项双赢的举措。站在国家层面上,也可以建立专门机构,用来监督电网项目的规划、审批、建设,督促当地政府提高办事效率,为企业解决实际问题,缩短审批周期。

(2)结合城市规划

电网工程的规划并不是独立的,应该和城市规划相结合,和政府部门协调配合。只有这样,政府在城市规划期间才会为电网工程预留出相应的建设用地。电网企业应该提高自身的理论分析能力,保证电网规划的科学性,并且和城市规划相互衔接。这里的衔接主要是指时间和进度上:如果电网规划过早,因道路建设不完善带来的交通不便,会影响电网的建设工作;如果电网规划过晚,建设期间就会出现临时拆迁的情况,也会增加工作量。因此,电网规划应依托城市规划部门,对电网工程建设进行共同规划,实现电网企业的可持续发展。

(3)合理利用资源

电网规划期间,工程的选址选线是一个重要的问题,要求做到综合分析,充分利用技术资源、人才资源,保证建设方案的可行性。在前期建设期间,要求企业合理选用工程材料,避免产生浪费现象,加强建筑垃圾的管理,不要影响周边居民的生活环境。在工程选址选线时,需要避开自然保护区、住宅区,同时加大电力知识的宣传力度,纠正居民的错误认知,以获得民众的理解和支持,促进电网规划和建设的顺利进行。

2.4 现代电网规划的思路和方向

目前,输电网规划问题虽然受到广泛关注,用于求解的各种优化方法也得到了很大发展,但是因其本身的复杂性,迄今难有公认最优的求解模型和方法面世。要达到输电网规划的实用化,仍有很多问题有待于进一步研究,今后研究方向应当包括以下方面。

(1)应寻找更快速、有效的实用规划求解方法,加强对新型寻优算法如混合蛙跳算法的研究。

(2)为提高规划研究的实用性,需深入研究能全面反映市场需求的输电网规划模型。

(3)输电网规划风险存在于规划模型的各个环节,输电网规划目标和相关约束中的风险值得深入研究。

(4)更全面考虑未来各种不确定性因素对输电网规划的影响,如未来负荷变化、工程造价等费用因素、经济参数、环境、法规和政策等的不确定性,提高电网规划方案的适应性和灵活性。

（5）对出现的各类新情况应继续从模型定义、编码机制、数据表达和寻优策略等方面进行研究。

2.4.1　适应电力市场化改革的电网规划思路

（1）以安全为基础，强化经济效益中心

以满足《电力系统安全稳定导则》（GB 38755—2019）和国家相关法律法规对电网安全稳定运行的要求为基础，保障电网安全稳定地向用户提供充足、可靠、合格的电力。充分考虑电网的成本和市场效益，以经济效益中心，建立新收入机制下的经济效益优化目标，优化电网投资规模、投资方向和重点，达到成本与效益的最佳比例。

（2）以市场为引导，合理预测市场空间

强化对电力市场的服务意识，以市场需求为导向、以经济利益为驱动力，开展电网规划建设。根据国内外环境、国民经济、重点行业发展、能源及电力供需情况，分析未来影响电力市场需求的主要因素，同时结合配售电市场改革、市场交易等改革推进情况，分析未来电力市场的竞争格局、发展趋势，并合理预测市场空间，为电网规划决策提供可靠依据。

（3）约束投资规模，全面拓宽投资渠道

依据出台的《输配电价改革试点方案》《输配电定价成本监审办法》等文件，建立电网投资对输配电价的影响关系模型，以电网投资规模为主要决策量，预测包括电网有效资产、准许成本、税金、准许收益、准许收入等与电网投资相关的变量，分析未来的输配电价水平，根据投资规模与输配电价水平之间的关系，确定合理的电网投资规模区间。另外，积极拓展投资来源、节省资金投入，明确出资界面。

（4）优化投资方向，科学安排项目时序

优化调整规划项目技术经济评价指标体系，科学评估项目的轻重缓急，合理安排项目时序。指标体系可分为功能效益、经济效益及其他效益。功能效益主要从技术类指标分析，涵盖供电可靠性、电力供应能力以及设备利用效率等方面；经济效益主要从项目盈利能力、偿债能力等方面综合分析，分析输配电价对项目投资的支撑能力；其他效益包括社会效益和环境效益，分析电网在改革后作为公共服务类企业承担社会责任的情况等。

（5）网源协调规划，支撑可再生能源发展

通过网源协调优化，提高可再生能源发展速度、规模与电网建设速度、接纳能力之间的匹配程度。积极改善电网的薄弱环节，合理加强电网互联，并配置调峰电源，寻求可再生能源消纳能力与电网投资运行成本的最佳均衡点，确保系统保持较佳的运行状态，不偏离最优运行点太远或超过系统的安全边界。

（6）深化负荷管理，完善需求侧响应机制

从经济、技术、行政等层面调动用户参与负荷管理的积极性，并开展多种形式的负荷管理以优化系统负荷曲线形状。建立完善的电力需求侧管理体系架构，鼓励低谷蓄能，探索电价补偿机制，逐步实现需求侧管理由供给侧主导向供需两侧互动的方向转变。

(7)加强投资管理,强化规划后效果监督

加强电网发展诊断分析及项目后评价工作,构建规划项目全过程闭环管理。强化投资效益评价和专项监督成果应用,评价重点从任务导向转变为效率效益导向,将评价结果作为项目审批、投资计划以及相关考核的重要依据。

上述思路指导下的电网规划基本流程如图 2.3 所示,其主要环节有:①现状电网评估;②市场空间分析;③确定边界条件;④提出网源协调规划方案;⑤电气计算;⑥方案经济比较、可靠性评估;⑦准许收入约束的财务评价;⑧项目优选排序;⑨方案推荐。

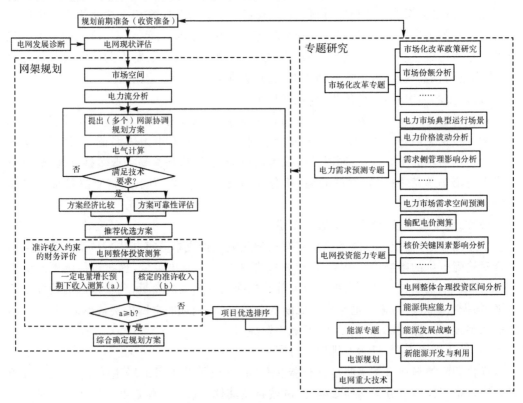

图 2.3　电力市场化改革背景下电网规划的基本流程

2.4.2　基于智能电网的现代城市电网规划分析

2.4.2.1　智能电网的规划对于现代化都市建设影响

电网络指的是电网、传输线、变电站、变压器等组成的网络,这些网络将电力从发电厂输送到家庭或企业。尽管电网被视为工程奇迹,但我们仍将其拼凑的性质扩展到其容量。[22]为了向前发展,我们需要一种新型的智能电网,该电网是自下而上构建的,以应对数字和计算机化设备及技术的浪潮。

公用事业与其客户之间进行双向通信以及沿传输线进行感应的数字技术使电网变得智能。与互联网一样,智能电网由控件、计算机、自动化的新技术和新设备共同组成,这些技术和设备与电网配合使用,以数字方式响应快速变化的电力需求。智能电网为将能源行业带入可靠性、可用性和高效率的新时代提供了前所未有的机会,为经济发展和环境健康做出贡献。在过渡期间,至关重要的是进行测试、技术改进、消费者教育、标准和法规的制定以及项目之间的信息共享,以确保我们从智能电网中获得的收益成为现实。智能电网带来的好处包括:电力传输效率更高;发生电源干扰后能更快恢复电力;降低公用事业的运营和管理成本,并最终降低消费者的电力成本;高峰需求减少,有助于降低电费;大规模整合可再生能源系统;更好地集成客户所有者的发电系统,包括可再生能源系统;提高安全性。[23]

2.4.2.2　现代城市电网安全规划

现代城市电网规划中信息安全规划的重要性与日俱增,下面介绍几种典型的信息安全规划技术。

(1)设置防火墙

防火墙是一种信息安全保护系统,可以根据特定的基础允许或限制信息的通过。实际上,它是一种隔离技术。网络通信时,它允许用户同意的人员和数据进入网络。避免不良数据进入,最大限度地防止网络黑客访问,保护网络的内部安全,为智能电网提供高质量的运行环境,并保护网络安全。防火墙具有高度的信任度,可以保证网络信息服务的质量和安全性,并且是牢固的防护屏障。在智能电网的运行中设置防火墙,当罪犯和黑客想要访问智能电网以获取信息时,防火墙的作用就很突出。

(2)蜜罐捕获技术

蜜罐技术是一种欺骗技术,利用虚假资源欺骗入侵者以收集黑客数据并分析黑客行为,以保护真实目标。蜜罐是一个预先配置的网络欺骗系统。该系统存在某些漏洞或包含错误的信息和数据。它被用来欺骗黑客和罪犯。与蜜罐互动的任何人都可以视为攻击。通过监视蜜罐,工作人员可以发现、分析和研究攻击者的行为。运行蜜罐陷阱技术的智能电网可以有效地防止黑客获取和攻击智能电网的真实信息,保护智能电网的正常运行,实现对智能电网信息安全的保护。

(3)实时检测非法入侵

入侵检测是一项重要的安全监控技术,目的是识别对系统的非法授权使用,以及对系统合法用户的滥用,并发现由于软件错误,身份验证模板无效以及不适当的系统管理而导致的系统安全性。智能电网信息系统必须做好实时入侵监控,及时发现非法入侵攻击,规避智能电网信息和数据的安全隐患,确保智能电网通信和数据的安全。

(4)病毒查杀技术

病毒是可以自我复制和传播的特殊程序。当用户收到带有病毒的文件或磁盘时,该病毒会将病毒带入其计算机系统,从而威胁到系统的信息安全。随着计算机技术的发展,网络病毒的数量和类型不断增加,严重威胁着智能电网的信息安全。

2.4.2.3　老城区的智能电网现代化城市建设

现代化城市建设对土地资源具有非常大的需求,变电站和电力线路的走廊不可以建立在城市中心地区,因为城市中心地区土地资源非常稀缺且成本较高,假如在这类位置建设,将会对全部资金运用产生影响,使其他的工序很难依据既定的方案进行。而且,在都市的建设发展中,一般老城区会被列入城市改造工程中,这就使得老城区电力体系会出现不稳定问题。负荷的地理位置是难以变动的,但可以实施优化措施,即调整配电网络构造的接入位置。

2.4.2.4 智能电网现代化城市电网规划需要注意的内容

(1)持续强化相关工作人员的培训力度

在实施智能电网的背景下,配电运维的一体化建设需要继续吸引优秀人才。一线操作员或后台工作人员必须具备非常出色的工作水平,因此有必要加强相关工作人员的培训。

工作时,相关人员要有良好的工作态度,上级领导要更加注意相关运维人员的工作水平和态度,这样,相关的运营商可以更好地实现其在未来工作中的价值。此外,还需要科学有效地协调人力和物力,以避免不必要的损失。运维人员具有不同的能力,需要接受不同程度的培训,以使施工更加合理、有效。此外,每个单位还需要定期开展相应的培训活动。在实际工作中,重要的是要提高操作和维护人员的整体素质,以便他们在遇到困难时能够合理地应对。如果要更好地促进配电运维一体化建设,在实际实施维护时,就需要培训更多、更好的运维人员,并在一定程度上加强对他们的培训。

(2)明确施工基本准则

在智能电网背景下,如果要有效保证配电运维的一体化运行,必须在完善后才能实施。必须遵循安全第一的基本原则,确保工人的人身安全,才能有效地保证电网的正常运行。另外,还必须注意效率的释放,在保证工程质量的同时,将成本降至最低,从而提高智能电网领域和机组的经济效益。为了提高运维人员的效率并增加公司的经济效益,必须明确配电运维的综合施工准则。

(3)完善管理和建设体系

在智能电网背景下解决运维一体化中遇到的问题,配电运营和维护在整合基础上,需要探索合适的建设政策。记录实践中遇到的问题并解决,以防止在以后的构造中出现同样的问题。在听取各方建议后,需要反思在管理过程中遇到的问题,并讨论问题产生的原因,不断修正和完善配电运维一体化建设中遇到的问题,完善各种管理和建设体系,使智能电网在未来的运营中具有广阔的发展空间,更好地体现其商业价值。

2.4.3 智能电网背景下的现代农村电网规划

农村电网分布范围广、用户分散,智能化建设与发展面临着艰巨的任务与巨大的挑战。要想提高农村电网运行水平,提高电网供电服务质量,就必须加大对农村电网的智能化改造力度,采用现代智能技术,引进先进的智能化信息系统、通信系统,达到对农村电网的智能化优化与改造。[24]

2.4.3.1 农村电网智能化规划的意义

智能电网背景下,农村电网规划亟待走向智能化,这不仅是农村经济、社会发展走向

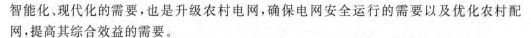

智能化、现代化的需要,也是升级农村电网,确保电网安全运行的需要以及优化农村配网,提高其综合效益的需要。

农村地域广阔,电网分布范围广,用户相对分散,配网架设路线较长,基于农村地区电网的这些特点,要想提高农村电网供电服务水平,则有必要对配网进行智能化规划,当前农村供电依然存在多种缺陷和不足,主要体现在以下几个方面。

(1)电气设备自动化水平低下

现阶段,乡镇电网的自动化建设依然未提上日程,使得乡镇调度的自动化水平、应用水平等都明显落后,而且自动化系统的软硬件也无法达到一致标准及遥测目标,一些自动化技术与软件都未能充分运用。

(2)供电服务稳定性落后

电网无架构,出现了众多的单电源点辐射供电现象,环网供电尚未达到一定的自动化标准,从而使得供电稳定性较差。同时,新能源并网出现较大问题,无法实现互供。

(3)通信落后

当前农村地区通信系统建设落后,通信自动化水平达不到预期标准,通常将电力载波、微波等充当通信工具,个别地区选择光纤通信,整体上通信水平较弱,无法抵御电场干扰,落后的通信网络系统影响着电网自动化建设与发展。

基于以上分析可以看出,农村电网规划依然相对落后,无法达到预期的智能化、自动化水平,农村供电服务质量低下,只有通过智能化改造才能提升农村电网的智能化水平,提高其运行效率。

2.4.3.2　农村电网智能化规划的目标与具体内容

(1)农村电网智能化规划的基本目标

农村电网智能化规划与建设的目的是优化配网结构、提高供电工作效率、控制供电成本、实现节能发电,使输电、变电、配电以及调度等逐渐走向自动化、智能化,达到农村电网同现代化电网之间的对接。农村电网智能化规划至少要达到以下标准:通过对农村电网的智能化改造,创建一个多维度预测监控系统,对电网进行动态、自动化监测,同时要借助地理信息系统(Geographic Information System,GIS)打造一个电网地理位置可视化平台,能够时刻掌握电网各个区段的运行状况,及时定位并解除故障。

(2)智能化规划的技术支持

农村电网的智能化规划需要一系列电力基础技术以及智能化技术的运用。其中,基础技术指的是电网线路、设备等的优化改进,通信系统、计量设备等的优化等,智能化技术指的是建设智能控制中心、智能电线与变电站等的运用。任何一类技术的运用都应该立足于农村电网的特点、智能化改造所处的环境以及改造地段用户的实际需求等,最终要形成一个结构合理、优化布局、技术先进、质量较高的农村智能化电网系统,发挥该系统综合性的输电、供电、配电等功能。

(3)智能化规划的基本内容

对于农村电网来说,其智能化规划应该既要从电网架构自身入手进行优化改造,又要积极引进先进的智能技术,再将智能化技术应用于优化改造后的电网架构,从而实现农村电网智能化规划的基本目标。

①电网架构的优化。要正视并分析当前农村电网系统存在的问题,例如,网架基础薄弱、设备质量低下、线路类型落后等,与现代化智能电网系统存在较大差距。为了实现智能化改造,首当其冲要优化电网架构,遵循智能电网的基本标准和要求来更换、更新电网相关配件、设备等,例如,提高绝缘子的绝缘等级,更新变电站各项设备等,为智能化规划打好基础。

②智能化软硬件系统的运用。要积极引进并利用现代化智能技术,例如,智能化通信技术、智能化计量设备等。充分利用信息技术、网络科技来推动农村电网的智能化发展,提高农村电网的智能化运行水平,从而提高供电服务水平。

2.4.3.3 农村电网规划方法

（1）配电网规划

要提高配电网的电压等级,从最初的 35kV 升级至 110kV,最终打造出以 110kV 电压级别为核心的网架,应该依照特定的标准来设计网架,有效抵抗自然灾害,创建一个集成化水平较高的数字化、智能化变电站。同时,也要深入改造现已存在的综合自动化站,提高其数字化水平。

（2）配网的智能化优化

①调整配网结构。为了控制经济成本,电网优化中要形成成本意识,预先进行科学的预测分析,合理规划配变容量,选择导线截面,对配网的最大负荷加以预测。

②信息采集技术。创建信息采集系统,对电网数据信息进行实时采集、监督,通过采集信息数据来及时定位、识别故障。

配网在整个农村供电系统中处于过渡环节,也是关键环节,亦是电网系统中线路最多、网架相对薄弱的部分。现阶段,配网多采用手拉手的供电服务模式,尚未实现全方位覆盖的合环运行结构,只有部分发展较好的地区达到了 $N-1$ 的标准。无法实现线路间的功率传递,配网自动化水平有限,对此就要积极优化线路之间的转供电能力,实现线路间互供,提升线路绝缘水平,控制线路故障,关键线路选择架空绝缘导线进行供电,采用配网合环技术,引进分布式电源,以此来实现配网自动化。

2.4.3.4 通信调动的智能化改造

因为目前农村电网通信水平有限,通信网络建设亟待加强,对此可以从以下方面入手。

（1）引进光纤通信

将光纤通信系统应用于主网与配网之间,兼顾电力载波,让光纤通信网络系统进入千家万户,并同电力系统建立链接,从而达到远程抄表目标,兼顾采用中低压通信网络系统。

（2）供电与通信服务一体化

创建一体化系统平台,实现供电服务、信息通信等的同步,从而确保网络安全,促进资源、信息等的分享。

此外,在农村电网规划过程中要不断吸收和引进现代智能技术,依靠并利用现代智能技术来逐步实现农村电网的智能化改造,在智能化改造实施过程中要立足于农村地域环境,根据一个地区的负荷需求等进行针对性改造,以此来提高农村电网智能化规划水平。

2.4.4　配网自动化在城市电网前期规划中的应用

2.4.4.1　配网自动化概述

配网自动化是指利用现代信息技术,对配电网的实时信息、用户信息、离线信息、地理信息、结构参数等进行集成,从而形成一个完整的自动化系统,一方面用来监测和保护配电系统的正常运行;另一方面能够系统进行控制和管理。该系统的应用目标在于提高供电质量,减小故障发生风险,降低运行维护费用,最终提高电力企业的经济效益,并为电力用户提供更好的服务。目前系统设计主要把握三个关键点:一是在保证供电可靠性的基础上,采用简单的结构,最大限度地降低线损;二是合理利用资源,降低电网的运行难度;三是采取有效的保护措施,扩展网络空间,实现各种设备的统一性。

配网自动化系统的组成主要包括三个部分,分别是配电主站和子站、配电远方终端、通信网络。其中,常见的通信方式有光纤通信、无线通信、中压载波通信等。实践证明,配网自动化在应用期间,优势体现在以下三个方面:一是充分利用网络技术,系统具有透明性,能够对各个设备进行实时监控;二是基于网络运营参数下,能够合理安排下个阶段的配网工作,从而实现系统的运行目标;三是该系统具有遥控功能,能保证电网调度的准确性、及时性,在配电运行期间能及时发现问题和漏洞,并针对性地进行调整,从而避免故障发生。

2.4.4.2　应用现状与应用策略

(1)应用现状[25-27]

近些年来,我国在基础设施建设上的投资力度不断加大,单纯从电力工程领域来看,不仅出台了电网运行的有利政策,而且国家提供资金支持,以保证城市电网又好又快地发展。但是分析实际情况时,依然可见配网运行中存在的一些问题,具体如下:一方面,我国城市中配网自动化系统的调度工作不统一,无法实现资源共享,因此出现了电力资源浪费的现象。在配网自动化系统中,其中含有丰富的电力资源,相关部门加强沟通和联系,才能促进系统的整体协调发展。另一方面,配网自动化系统尚未全面普及,尤其是在部分经济发展水平低的区域,没有实现配网自动化,分析其原因,和设备缺乏、运行环境差、维修技术低密切关联。另外,调查发现即使是在已经配置了配网自动化系统的城市中,这些设备的作用也并没有完全发挥出来,因此电网自动化水平依然落后。

(2)应用策略

第一,加强配网自动化技术的应用。城市电网规划中,配网自动化技术的应用,需要做到以下三点:一是充分应用通信技术。作为配网自动化技术的核心,通信技术是实现自动化的前提条件,系统中的数据采集、设备管理、信息传输,都离不开通信技术。二是合理使用电力设备,不断优化系统运行环境。考虑到该系统的运行工程量大,必须对各个环节进行监督管理,而且电力设备数量多,要由专业技术人员进行操作,才能保证系统运行的安全性。三是当前系统中主要采用单一的设备结构,只有使用先进的设备,才能提高工作效率。而且要求不同部门之间加强沟通协作,实现电力信息的共享,减少资源浪费。

第二,及时更新系统设备。配网自动化系统具有复杂性,尤其是对技术的要求比较高,一方面要求多个部门共同参与;另一方面也要提高设备的性能质量。从这个方面来看,应该定期对系统设备进行升级换代,采用先进的设备,才能提高系统的自动化水平。另外,紧随科技进步的脚步,优化电力系统结构,以满足配网自动化的要求,实现两者的有机结合,为电力用户提供更加优质的服务,并提高电力企业的经济效益。

第三,构建高素质的管理团队。城市电网规划工作比较复杂,其中涉及的环节多;配网自动化本身就是依托现代信息技术,系统运行对技术的要求高。综合这两点来看,必须培养一支高素质、懂技术、会管理的工作团队,才能满足系统运行的要求,促进电网规划工作的顺利进行。站在电力企业的角度,一是要加大员工的培训力度,定期组织员工进行学习,并通过考核的形式检验学习成果;二是制定奖励机制,针对业绩突出、工作质量高的人员,给予表扬和物质奖励,激发员工的工作积极性;三是要改进人才聘任机制,适当提高招聘门槛,招聘专业知识丰富、具有管理经验的人才,同时和高校建立合作关系,开设相关专业课程,制定人才培养计划和目标,促进电力企业的可持续发展。

参考文献

[1] 熊炜,粟世玮.电网规划方法综述[J].电工电气,2011(2):1-3.

[2] 韩晓慧,王联国.输电网优化规划模型及算法分析[J].电力系统保护与控制,2011(23):143-148,154.

[3] Galiana D, McGillis D T, Marin M A. Expert systems in transmission planning [J]. Proceedings of the IEEE, 1992(5):712-726.

[4] 唐铁英,邱家驹,蒙文川.免疫模糊算法在电网规划中的应用[J].浙江大学学报(工学版),2008(5):815-819.

[5] 高炜欣,罗先觉.基于Hopfield神经网络的多阶段配电变电站的规划优化[J].电工技术学报,2005(5):58-64.

[6] 甘乐,李海龙.浅析电网规划方法在电力系统中的重要性[J].广东科技,2011(18):139-140.

[7] 顾益磊,许诺,王西田.遗传算法应用于电网规划的难点与改进[J].电网技术,2007(S1):29-33.

[8] 章文俊,程浩忠,程正敏,等.配电网优化规划研究综述[J].电力系统及其自动化学报,2008(5):16-23.

[9] 孙洪波,徐国禹,秦翼鸿,等.电网规划的模糊随机优化模型[J].电网技术,1996(5):4-7.

[10] 张洪明,廖培鸿,仲建中.电网规划的灰色系统方法[J].电网技术,1995(12):19-23.

[11] 高赐威,程浩忠,王旭.盲信息的模糊评价模型在电网规划中的应用[J].中国电机工程学报,2004(9):28-33.

[12] 季宁,雒文博.电网规划方法及其关键技术探析[J].电工文摘,2016(4):69-71.

[13] 李树泉,佘家驹.基于能源互联的智能配电网规划与评价方法研究[J].电气应用,2018(15):87-91.

[14] 李杰超.电网规划方法探讨[J].广西电业,2009(3):39-40.

[15] 韩福春,赵铭凯.城市电网规划方法的研究[J].电力系统自动化,1994(11):57-62.

[16] 梁晅,城市电力网规划技术及其流程[J].电子科技,2012(12):144-146.

[17] 王永干,刘宝华.国外电力工业体制与改革[M].北京:中国电力出版社,2000:387-388.

[18] 孔涛,程浩忠,李钢,等.配电网规划研究综述[J].电网技术,2009(19):92-99.

[19] 徐秋实,周小兵,杨东俊,等.电力市场化改革后电网规划的目标及思路研究[J].湖北电力,2018(6):27-31.

[20] 魏茂龙.关于电网工程建设前期面临的问题及对策探讨[J].科技资讯,2015(29):28-29.

[21] 胡志勇.电网前期规划设计中常见问题探究[J].低碳世界,2016(26):20-21.

[22] 韩龙.浅析智能电网建设采用电力工程技术的作用[J].黑龙江科技信息,2017(10):90.

[23] 朱靖.杜涛.智能电网的通信系统运维策略探讨分析[J].中国新通信,2017(7):25.

[24] 莫家发.探究智能电网背景下的现代农村电网规划[J].科技展望,2016(31):94.

[25] 徐庆柱.增强城市电网规划的可实施性方法探析[J].河南科技,2013(23):201.

[26] 刘二小.关于城市电力规划负荷预测的分析[J].科技创新与应用,2012(20):122.

[27] 李波.电网前期规划设计中常见问题探究[J].现代国企研究,2016(20):66.

第3章　电网规划中的可靠性评估应用

电网可靠性评估即量化评估电网当前或未来的可靠性水平,其不仅能提供客观的量化指标,而且还能预测系统失效的方式及后果的严重性。[1]电网可靠性评估主要包括发电系统、配电系统和发输电组合系统三个层面的可靠性评估。其中,配电系统位于电力系统的末端,包括配电网全部、配电变电所、各种电压等级的配电线路以及接户线等设备。配电网将电源和输变电系统与用户连接起来,是向用户分配电能和供给电能的重要环节。所谓配电系统的可靠性,其实质就是研究配电系统本身的可靠性及其对用户供电能力的可靠性。根据电力公司的不完全统计,高达 80% 的用户故障是由配电系统故障造成的,因此可以看出,研究配电系统的可靠性无论对工业发展还是民生都具有非常重要的意义。

电网的可靠性是指电网按照用户的需求和一定质量标准提供电能能力的度量,包括安全性与充裕度两个方面。其中,安全性是指电网运行时抵抗局部或大范围扰动的能力;充裕度是指电网在母线电压和系统频域约束下,向用户提供所需电能的能力。[1]

电网规划的可靠性有静态可靠性和动态可靠性。目前我国电网规划主要采用确定性 $N-1$ 准则评估方案的可靠性,即在预期故障发生的情况下研究电网的可靠性水平。此外,以概率方法求得数字或参量来描述电网完成规定功能的能力所应用的概率性准则是确定性准则的有效补充。

电网规划的可靠性评估包括两种处理方法:在实际电网规划中,通常对备选的规划方案进行可靠性分析,将其结果作为综合比较指标之一,推荐最优规划方案;在理论研究中,也常常将可靠性作为规划方案的约束条件之一,结合可靠性分析结果制订规划设计方案。

可靠性计算可分为系统状态生成、系统状态分析和系统可靠性指标的计算[2]三个方面,其中经典的系统状态分析方法有状态解析法和蒙特卡洛模拟法(Monte Carlo Simulation,MCS)。状态解析法通过故障枚举进行状态选择,然后用解析的方法计算可靠性指标,该方法的计算量随系统规模呈指数增长,故仅适用于小型电力系统的可靠性评估。蒙特卡洛模拟法首先根据元件故障概率的分布函数抽样模拟出一系列系统状态,然后对各状态的评估结果进行统计,该方法采样次数与系统规模无关,适用于元件数量多、需要模拟多种运行控制策略的场合,但存在收敛速度不高的缺陷。

新兴的理论模型有结合解析法、人工智能模型、贝叶斯网络模型、灵敏度分析模型和模拟法的混合模型等。

3.1 可靠性指标

可靠性指标通常从事故对于正常供电影响的不同方面进行评估,包括停电的频率、概率、持续时间,损失电力和电量的多少等。不同的子系统根据自身特点,在可靠性指标上会略有区别。

可靠性指标体系一般分为负荷点指标和系统指标。负荷点指标是对于系统的每一个负荷点而言的,表明事故的局部影响;系统指标反映系统故障对整个系统的影响,表明事故的全局影响。

常用的基本可靠性指标如表3.1所示。[3]

表 3.1 常用的基本可靠性指标

指标名称	物理含义	单位
电力不足概率	一年中可能发生停电的概率	%
电力不足频率	一年中有切负荷状态发生的次数	次/年
电力不足持续时间	一年中发生停电事故的持续时间	小时/年
每次切负荷持续时间	单次故障导致的平均停电时间	小时/次
电力不足期望值	一年中平均的电力缺额	MW/年
每次电力不足期望值	单次故障导致的平均电力缺额	MW/次
电量不足期望值	一年中平均的电量缺额	MWh/年

上述基本指标既可以作为负荷点指标,又适用于整个系统。在电网规划中既要关注系统指标,又要关注节点指标,它们分别从全局和局部的角度给规划人员提供关于电网可靠性的量化信息和分布规律。

3.2 电网可靠性评估理论模型

3.2.1 状态解析法

状态解析法作为当今一种主流的配电系统可靠性评估方法,目前在全世界被广泛应用。该方法的基本原理是,首先建立针对该系统的可靠性概率模型,然后利用故障枚举的方式进行故障状态的选择,之后用各种适用数学方法求解该模型,最后得出该系统的可靠性指标。当使用状态解析法时,一般来说先按某种逻辑逐个选择系统故障的停运状态。

下面是几种比较重要的解析法。

(1)故障模式后果分析法(Failure Modes and Effects Analysis,FMEA)

该方法主要用于对简单辐射型主馈线的可靠性评估计算。[4]基本步骤为:①产生(或枚举)系统网络可能的故障事件;②对每一个故障事件,进行系统网络的行为分析,形成系统网络的失效事件集;③根据所形成的系统网络失效事件集,结合元件的可靠性数据,累积形成系统可靠性指标。

FMEA 法的基本流程见图 3.1。

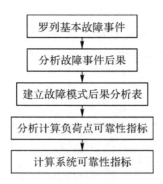

图 3.1 FMEA 法的基本流程

馈线上可能有开关、用户变压器、线路三类元件故障,一段线路上(假设为第 K 段)所有故障事件引起用户停电持续时间(时户数)的计算公式如下:

$$CID_K = \sum_{N=1}^{3}\left[M_N \times \lambda_N \times (C_1 \times t_a + C_x \times t_N + C_2 \times t_b)\right] \qquad 3.1$$

式中,M_N 为该段上第 N 类元件的台数(线路取平均分段长度、用户变压器取台数、开关一般为一个);λ_N 为第 N 类元件的故障率;t_a 为出线开关、分段开关操作时间;t_N 为第 N 类元件的故障排除时间;t_b 为联络开关操作时间;C_1 为在故障段之前能由母线恢复供电的用户总数;C_2 为在故障段之后能由联络线恢复供电的用户总数;C_x 为故障期间不能恢复供电的用户总数。

利用式 3.1 逐一计算馈线中各段的用户停电持续时间,将其综合起来,便能够计算出该馈线上的用户停电持续时间和系统用户停电总持续时间等可靠性指标。

该方法原理简单,能够直接用于简单辐射型配电系统的可靠性评估计算中。但是,在系统复杂时,该方法的系统状态会呈指数级增长,因此,FMEA 法一般不能用于复杂的辐射型配电网的评估计算。

(2)网络等值法

现实生活中,往往是主馈线和副馈线共同构成配电网络,这种配电网络结构相当复杂,可靠性评估计算非常烦琐,网络等值法由此应运而生。

网络等值法对复杂网络进行等效的简化,它从最低一级的子馈线开始,首先对馈线进行分层处理,任意一条馈线及该馈线所连接的各种元件均属于同一层,然后以每一层作为等效分支线逐次向上层等效,直到线路不带子馈线为止,然后再用下行等效和FMEA 法得到所有负荷点的可靠性指标,最后综合各个负荷点的可靠性指标得到系统的可靠性指标。

在辐射型的配电系统中,系统结构往往比较复杂,而网络等值法正是针对这种弊端进行网络化简,能够大大简化计算过程。但是,该方法没有考虑各分支馈线首端所设断路器的影响,在分支馈线比较多的情况下,就需要运用非常大的计算量来等效馈线,计算过程相当复杂。

(3)基于故障扩散的算法

该方法建立在故障后果分析法的基础上,合理运用故障扩散和遍历技术,将配电系统各节点按照故障类型划分为若干区域,然后根据不同故障类型的影响范围进行可靠性评估。

在任意故障事件发生后,各节点按是否故障及故障时间可分成四大类:a类节点为正常节点,不受故障事件的影响;b类节点的故障时间为隔离操作时间;c类节点的故障时间为隔离操作和切换操作两部分时间相加;d类节点的故障时间为元件修复时间。

在图3.2所示的系统中,$s_1 \sim s_5$ 为隔离开关;b_1、b_2 为断路器;AS为备用电源;c_1 为联络开关;$p_1 \sim p_4$ 为负荷节点;$r_1 \sim r_4$ 为熔断器。表3.2中列出了针对图3-2网络发生故障后实现的节点分类,包括故障线路、相应的动作隔离开关和负荷节点类型。①~⑥为可能发生故障的线路。

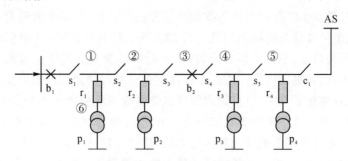

图 3.2 简单辐射型电网示意

表 3.2 故障后节点分类

故障线路	动作断路器或熔断器	动作隔离开关	负荷节点类型			
			a	b	c	d
①	b_1	s_1 s_2			P_2 P_3 P_4	P_1
②	b_1	s_2 s_3		P_1	P_3 P_4	P_2
③	b_1	s_3 s_4		P_1 P_2		P_3 P_4
④	b_2	s_4 s_5	P_1 P_2		P_4	P_3
⑤	b_2	s_5	P_1 P_2	P_3		P_4
⑥	r_1		P_2 P_3 P_4			P_1

(4)递归算法

递归算法利用配电系统基本结构为树状的特点,将配电系统各个数据以树形储存,然后对系统树进行递归遍历,再对遍历后的子馈线进行可靠性等值计算,达到简化复杂网络的目的。

(5)最小路法

最小路是指负荷点与电源之间的最短通路。最小路法同样用于简化配电系统网络，具体方法为先求取到达每一负荷点的最小路，然后将非最小路上的各种影响指标等效到最小路上，最后沿着最小路进行计算。最小路法的可靠性指标计算公式如下：

$$\lambda_s = \sum (\lambda_i + \lambda'_i) \qquad\qquad 3.2$$

$$u_s = \sum (\lambda_i \gamma_i + \lambda'_i y'_i) \qquad\qquad 3.3$$

$$\gamma_s = \frac{u_s}{\lambda_s} = \frac{\sum (\lambda_i \gamma_i + \lambda'_i y'_i)}{\sum (\lambda_i + \lambda'_i)} \qquad\qquad 3.4$$

式中，γ_i 为元件 i 的平均故障修复时间；λ_i 为元件 i 的年故障率；λ'_i 为元件 i 的年平均计划检修率；y'_i 为元件 i 的平均计算检修时间；λ_s 为系统的平均故障率；u_s 为系统的年平均停运时间；γ_s 为系统的平均停运持续时间。

最小路法一般配合其他评估方法共同使用，在为复杂网络化简的过程中给用户提供了更多的选择。

(6)其他配电网可靠性评估方法

除了上述几种常用的配电系统可靠性评估方法外，如今众多学者还提出了如布尔展开定理法、全概率公式法和网络规划法等评估方法。但是，这些方法对配电可靠性管理人员来说大多比较复杂，不易掌握。同时，由于故障诊断及恢复供电时间等对可靠性指标有着重要的影响，在提高可靠性的理论研究中关于如何快速隔离故障及恢复供电等问题上，国外在这方面做了许多探讨，国内的许多学者也对此提出了不少方案，如节点一阶负荷矩法。此外，国内外不少学者在如何进行网络重构等方面也做了不少研究，如基于规则的专家规划方法和基于最优化算法的方法，通过分段开关及联络开关的换接进行网络重构，使负荷能够转移，保证非故障区段始终能正常供电。在算法方面，还有如非线性的分支定界法、线性迭代法、遗传算法等。

状态解析法多种多样，但在实际情况中，系统常常非常复杂。由于系统内元件数目增加，系统状态的数目往往会呈指数级增长，总的计算量将会相当大。为解决这种情况，在实际应用中，一般可采取一些能够有效减少计算量的算法，旨在先简化或划分复杂网络，再进行可靠性评估计算。

3.2.2　蒙特卡洛模拟法

蒙特卡洛模拟法(MCS)以概率统计理论为基础，不依赖系统的复杂程度和规模，更适合风电和光伏发电等新型电力系统，但其计算量较大且收敛速度慢。

蒙特卡洛模拟法是先用数值计算方法模拟系统的实际运行过程，然后观察模拟过程和元件寿命的实际情况，处理后得到所求系统的可靠性指标。蒙特卡洛模拟法主要分为序贯蒙特卡洛模拟法和非序贯蒙特卡洛模拟法两大类。[5]

（1）序贯蒙特卡洛模拟法

序贯蒙特卡洛模拟法的本质是建立一个虚拟的系统运行和失效的转移循环过程，如图 3.3 和图 3.4 所示。其基本步骤如下。

①指定所有元件的初始状态。

②对每一元件停留在当前状态的持续时间进行抽样。

③重复步骤②，得到每一元件的时序状态转移过程。

④组合所有元件的状态转移过程，建立系统时序状态转移过程。

⑤通过对每一个系统状态的系统分析，计算可靠性指标。

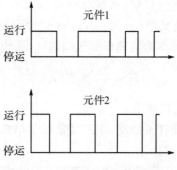

图 3.3　元件时序状态转移过程

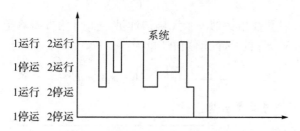

图 3.4　系统时序状态转移过程

可以求得系统失效概率为：

$$P_f = \frac{\sum\limits_{k=1}^{M_{dn}} \sim D_{dk}}{\sum\limits_{k=1}^{M_{dn}} D_{dk} + \sum\limits_{j=1}^{M_{up}} D_{uj}} \qquad 3.5$$

系统失效频率为：

$$F_f = \frac{M_{dn}}{\sum\limits_{k=1}^{M_{dn}} D_{dk} + \sum\limits_{j=1}^{M_{up}} D_{uj}} \qquad 3.6$$

平均持续时间为：

$$D_f = \frac{\sum\limits_{k=1}^{M_{dn}} D_{dk}}{M_{dn}} \qquad 3.7$$

式中，P_f、F_f 和 D_f 分别为系统失效概率、频率和平均持续时间；D_{dk} 是第 k 个停运状态的持续时间；D_{uj} 是第 j 个运行状态的持续时间；M_{dn} 和 M_{up} 分别为在模拟时间跨度内系统失效和运行状态出现的次数。

（2）非序贯蒙特卡洛模拟法

设电力系统元件(包括因停运增设的虚拟元件)个数为 N，系统状态可表示为 N 维向量 $\boldsymbol{x} = (x_1, x_2, \cdots, x_N)$；每一个元件 x_i 的运行状态可用一个在 $[0,1]$ 区间的均匀分布随机数 r_i 来模拟，即

$$x_i = \begin{cases} 0(工作状态) & r_i > p_i \\ 1(失效状态) & 0 < r_i \leqslant p_i \end{cases} \qquad 3.8$$

式中，p_i 为该元件发生故障的概率；r_i 为 $[0,1]$ 区间的均匀分布随机数。

系统状态 $\boldsymbol{x}$ 的抽样频率可作为其概率的无偏估计，系统可靠性指标可估算为：

$$\hat{E} = \frac{1}{n} \sum_{i=1}^{n} F(x_i) \qquad 3.9$$

式中，x_i 为相互独立的系统随机状态。

为了判断可靠性指标的抽样可信度，非序贯蒙特卡洛模拟法以系统可靠性指标的方差系数大小作为度量，其表达式为：

$$\beta = \frac{\sqrt{V[\hat{E}]}}{\hat{E}} \qquad 3.10$$

式中，$\hat{E}$ 为系统可靠性指标的一个无偏估计量；$V[\cdot]$ 为方差算子。

由概率论可知，$V[\hat{E}]$ 的一个无偏估计量为：

$$\hat{V} = \frac{1}{n-1} \left[\frac{1}{n} \sum_{i=1}^{n} F^2(x_i) - \hat{E}^2 \right] \qquad 3.11$$

系统可靠性指标方差系数 β 为：

$$\beta = \frac{\sqrt{\dfrac{n}{n-1} \left[\sum\limits_{i=1}^{n} F^2(x_i) - \dfrac{1}{n} \left(\sum\limits_{i=1}^{n} F(x_i) \right)^2 \right]}}{\sum\limits_{i=1}^{n} F(x_i)} \qquad 3.12$$

通常采用电力不足期望(Expected Demand Not Supplied，EDNS)的方差系数作为可靠性指标的收敛判据，这是由于电力不足期望的收敛速度较其他可靠性指标缓慢，因此可以有效判断抽样是否收敛。下面是采用非序贯蒙特卡洛模拟法对系统可靠性进行评估的流程。

①输入系统元件参数，包括平均故障频率、平均修复时间、平均计划停运时间和平均计划停运频率等；设定计算精度和最大抽样次数。

②建立所需的元件停运模型。

③为形成系统随机状态 x_i，在区间 $[0,1]$ 上随机生成 N 个相互独立且均匀分布的随机数；计算系统可靠性函数的取值 $F(x)$；$n = n + 1$。

④通过式 3.9 累加系统可靠性指标，通过式 3.12 计算 EDNS 方差系数 β_{EDNS}。

⑤判断是否满足 $\beta_{EDNS} < \beta_{\max}$；如是，则输出可靠性指标并结束此次可靠性评估；如

否,则转至步骤③。

目前针对如何提高蒙特卡洛模拟法生成系统状态的效率已有很多研究,例如重要抽样法、控制变量法、拉丁超立方抽样法、对偶变量法、分层抽样法等分散抽样法,以及各种方法的组合。[6]

(1)重要抽样法

重要抽样法采用最优抽样概率密度函数(Optimal Sampling Probability Density Function,OS-PDF)代替随机变量的原始概率密度函数进行抽样,使得对系统可靠性指标贡献较大的系统状态被抽到的概率增大,从而降低可靠性指标估计值的方差,并提高 MCS 的收敛性。重要抽样法的关键在于 OS-PDF 的求解,如果 OS-PDF 选取不当,可能导致收敛速度反而变慢。

交叉熵法[1,6,7](Cross Entropy Method,CEM)是一种高效的重要抽样法,于近年兴起并得到广泛关注。由于 OS-PDF 实质上无法准确求取,交叉熵法以交叉熵最小为优化目标对 OS-PDF 进行参数估计。

目前在非序贯蒙特卡洛仿真中,CEM 法局限于伯努利随机变量,例如两状态可靠性模型的输电线路,并对其无效度实现了最优估计。但电网可靠性评估还涉及多状态离散随机变量和连续随机变量,如:含降额状态的发电机多状态可靠性模型,对持续负荷曲线聚类得到的负荷多级离散概率分布,对负荷、风速、光照等采用非参数核密度估计或高斯混合模型得到的连续概率分布,实现这些随机变量的 OS-PDF 最优估计需进一步拓展研究。

系统状态向量 x 由表征系统各种随机特性(元件随机故障、负荷随机波动、风速随机变化等)的随机变量构成,其概率密度函数用 $f(x,P)$ 表示,P 为相关参数。现用重要抽样概率密度函数 $g(x,Q)$ 代替 $f(x,P)$ 进行系统状态随机抽样:

$$l = E_f(H(x)) = \int_\Omega H(x)f(x,P)\mathrm{d}x = \int_\Omega H(x)\frac{f(x,P)}{g(x,Q)}g(x,Q)\mathrm{d}x \qquad 3.13$$
$$= E_g(H(x)W(x,Q,P))$$

$$W(x,Q,P) = \frac{f(x,P)}{g(x,Q)} \qquad 3.14$$

式中,l 为待求可靠性指标的期望值;$H(x)$ 为以系统状态 x 为变量的系统性能测度函数;Ω 为系统状态 x 的全空间;$W(x,Q,P)$ 称为似然比函数;$E_f(\bullet)$ 为 $f(x,P)$ 计算期望值;$E_g(\bullet)$ 为 $g(x,Q)$ 计算期望值。

式 3.13 中可靠性指标期望值 l 的无偏估计为:

$$\hat{l} = \hat{E}_g(H(x)W(x,Q,P)) = \frac{1}{N}\sum_{n=1}^{N} H(x_n)W(x_n,Q,P) \qquad 3.15$$

式中,x_n 为按照 $g(x,Q)$ 随机抽样得到的 N 个系统状态样本,$n=1,2,\cdots,N$。

可证明当概率密度函数 $g(x,Q)$ 满足式 3.16 时,$g(x,Q)$ 为最优 OS-PDF,此时式 3.15 可靠性指标估计值 $\hat{l}$ 的方差为零。

$$g_{opt}(x) = \frac{H(x)f(x,P)}{l} \qquad 3.16$$

可靠性指标估计值 $\hat{l}$ 的方差为零,表明只需要一次随机抽样,就能得到可靠性指标的

真实值 l，这是理想的情况，但 l 本身为待求量，故式 3.16 无法求解。

为近似求得最优 OS-PDF，现引入交叉熵的概念。交叉熵用于度量概率密度分布 $q(x)$ 相对于真实概率密度分布 $p(x)$ 的逼真性，交叉熵的值越小，$q(x)$ 和 $p(x)$ 越相似，计算式如下：

$$D(p,q) = E_p(-\ln q(x)) = -\int p(x)\ln q(x)\mathrm{d}x \qquad 3.17$$

此时，求解最优 OS-PDF 的问题转化为一个优化问题；若 OS-PDF 的函数分布类型确定，可通过求解最优参数 Q^*，使得 $g_{opt}(x,Q)$ 和 $g(x,Q)$ 和交叉熵最小，即

$$Q^* = \arg \min_Q - \int_\Omega H(x)f(x,P)\ln(g(x,Q))\mathrm{d}x \qquad 3.18$$

该优化问题的求解过程称为 OS-PDF 的交叉熵参数寻优过程。按式 3.18 得到的 $g(x,Q^*)$ 进行系统状态 x 的随机抽样，并按式 3.18 进行可靠性指标计算，即为交叉熵法，该方法在电网可靠性评估中已有初步应用和探索。

3.2.3 混合法

针对电网运行可靠性评估中难以计及系统的高阶故障状态影响，使用传统可靠性评估方法已经不能满足运行可靠性指标的计算时间要求等问题，因此，提出一种状态解析法与蒙特卡洛法的混合法[8]，其基本思想是：首先利用状态解析法处理系统的 $N-1$ 阶故障，计算初始可靠性指标；然后对于系统的高阶故障以预想事故链替代，采用蒙特卡洛法抽样出连锁故障的初始环节，再进行中间环节的判断识别，并计算中间可靠性指标；最后累计计算系统的可靠性指标，实现系统的运行可靠性评估。

电力系统运行可靠性评估的关键在于对系统短期运行因素的考虑和可靠性指标的精确计算。传统的可靠性评估方法无法解决计算时间和精度之间的矛盾，不能满足短期可靠性评估的要求；再者，无法计及故障概率小但影响后果大的高阶故障状态。状态解析法受限于计算时间，无法考虑高阶故障状态；蒙特卡洛法在状态抽样时，高阶故障状态因发生概率小而难以被抽取。目前，电网短期运行可靠性评估研究工作中，有学者通过蒙特卡洛法多次抽样来模拟连锁故障，但仅考虑了多重元件故障的状态，未考虑发生故障元件之间的关联性，所得的运行可靠性指标悲观。

对于状态解析法，系统规模较大时，难保证计算时间，对于蒙特卡洛法，减少抽样次数可提高模拟速度，但计算精度难以满足。特别的，在电网运行可靠性评估中，有严格的计算时间要求，并且也要控制计算精度。此外，对于系统的高阶故障，虽然短期间发生概率较低，但是对系统的影响程度极大，必须加以考虑。

针对以上问题，本节提出一种新型的混合法，与常规混合法中交替使用状态解析法和蒙特卡洛法的本质有所不同，其中，蒙特卡洛法仅用于系统发生高阶故障时的元件抽样。改进混合法思想原理如图 3.5 所示。

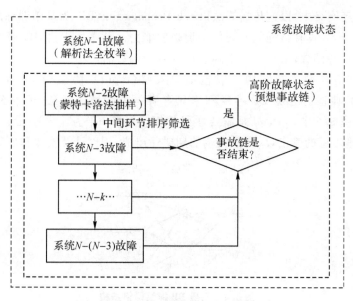

图 3.5　改进混合法思想原理

混合法的主要思路是:应用模拟法以降低模拟统计量的方差和 CPU 时间,在其他可以使用解析法的地方再利用解析法。下面介绍一种可实现的混合法具体应用流程。

将系统的故障状态划分为 $N-1$ 阶故障、高阶故障 $[N-2,\cdots,N-k,\cdots,N-(N-1)]$ 两个部分。对 $N-1$ 阶故障,采用解析法以提高计算的精度。高阶故障由预想事故链的形式生成:事故链的初始环节借鉴蒙特卡洛法的思想,利用区间抽样出初始故障元件,后续中间环节是故障识别的过程,这样直至系统发生 $N-(N-1)$ 故障。

显然,由于系统的高阶故障状态以事故链的形式形成,这样相比于常规混合法中蒙特卡洛法需要对所有的系统高阶故障进行抽样而言,系统所需评估的状态数量会有所减少,因而计算效率会提高;另一方面,虽然评估状态数减少了,但是精度依然能够得到保持,原因在于完全计及了连锁故障的影响,这部分高阶故障状态在可靠性指标中占重要比重。所以,利用状态解析法结合蒙特卡洛法抽样预想事故链的初始环节、高阶故障状态以预想事故链替代的思想可有效实现系统的运行可靠性评估。

3.2.4　人工智能算法

人工智能算法主要有人工神经网络算法和模糊算法两种,算法的出发点和思路较为新颖,尚未大规模应用于实际生产工作中,下面对此进行简要的介绍。

(1)人工神经网络算法[9]

人工神经网络算法适用于配电网网格化规划。网格化规划是在配电网规模日益扩大的背景下提出的一种规划新模式,鉴于网格化规划的特点和传统可靠性评估方法的局限性,有研究构建了基于可靠性历史数据的预测模型。网格化规划以精细化划分和精益化管理为指导思想,每个网格有明确的供电区域类型,这使得预测模型的数据来源具有保障。

在人工神经网络中，以逆传播算法（Back Propagation，BP）为基础训练的多层前馈网络应用最为广泛，其具有很强的非线性捕捉映射能力。从本质上讲，BP算法以网络误差的均方差作为目标函数，采用梯度下降法计算目标函数的最小值。

BP神经网络模型拓扑结构一般包括输入层（input）、隐层（hide layer）和输出层（output layer），典型的三层BP神经网络只含有一个隐层。三层BP神经网络结构如图3.6所示。图3.6中，w_{ji}，w_{kj}是需要学习的权重矩阵，x_i为输入特征矢量，y_j为隐层的输出，z_k为输出层的输出，t_k为输出端的期望输出值，用以计算误差和更新权值。

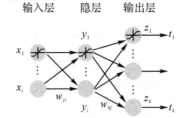

图3.6 三层BP神经网络结构

进行可靠性指标预测时，BP神经网络法计及了影响因素，并通过不断学习进行调整，其准确性和智能化水平都有着传统方法无法比拟的优势。具体步骤是：将主要影响因素的历史数据作为BP神经网络的输入，通过预设置的权重计算出输出层的输出，与期望值，即系统平均停电时间（System Average Interruption Duration Index，SAIDI）的历史数据做对比并计算误差，随后利用一定算法对神经网络进行训练，不断更新权值，得到预测模型。随后将t时间后的自变量数据输入训练完成的神经网络即可得到未来时间的SAIDI预测结果。

（2）模糊算法

文献[10]介绍了适用于微网配电系统的模糊算法模型。考虑到分时电价策略对负荷特性的影响，一个可行的模拟算法应用思路是进行峰谷时段的划分，考虑削峰填谷对负荷特性的影响，分析分时电价在削峰填谷中起到的作用，比较不同用户满意度下的负荷改变情况。

并网型电网中含有分布式电源、储能系统和智能开关等设备。在进行并网型电网可靠性评估时需考虑储能运行策略以及负荷削减策略。考虑削峰填谷需求响应策略对负荷曲线的修正效果，采用时序蒙特卡洛模拟法评估削峰填谷负荷需求响应策略对并网型电网可靠性的影响。

其步骤为：①计算负荷曲线的峰谷隶属度函数；②使用模糊聚类法划分峰谷时段；③综合考虑用户满意度与电价等约束条件，建立负荷需求响应模型；④求解模型，并分析不同约束条件下负荷特性的改变程度；⑤对电网进行可靠性评估。

3.2.5 贝叶斯网络模型

文献[11]介绍了适用于微网配电系统的贝叶斯网络可靠性评估模型。图3.7中虚线部分是由风机、光伏等分布式电源、储能装置以及负荷组成的微网。正常情况下,微网为并网运行模式,与配电网进行电能交换。在电网故障或者计划需要情况下,微网处于离网运行模式,也称孤岛运行模式,由分布式电源和储能装置联合为微网内负荷供电。

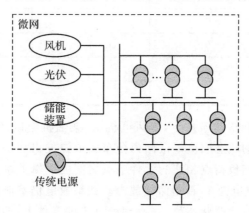

图 3.7　微网运行模式

对于传统的辐射状配电系统,建立贝叶斯网络[9]时,节点类型有四种——元件节点、联合节点、负荷节点和系统节点。元件节点描述配电系统中的功率元件和操作元件,每个元件对应 1 个元件节点;联合节点描述线路、隔离开关、断路器或联络开关的作用效果;负荷节点描述配电系统的负荷点;系统节点表示所研究的配电系统。节点处于网络的不同层次,相邻层间的逻辑关系有"与""或""联合"和"因果"等。在分析时,首先给出各个元件节点的故障概率,根据贝叶斯网络中上下层之间的逻辑关系,通过推理得到配电系统的可靠性指标。

在孤岛运行模式下,设微网内电源元件均有正常和故障两种状态,那么 n 个电源元件的逻辑组合状态有 $2n$ 种。为了分析方便,在贝叶斯网络中设置一节点—等值功率(电源)点,来描述在不同的逻辑组合下,微网内电源元件输出的不同功率。若考虑负荷的时变特性,微网内部功率分配将变得更加复杂,在分析时需根据潮流计算,实时比较微网内电源提供功率与时变负荷功率的大小,判断各个负荷点的得失电状态,因此该电源与负荷之间的关系命名为"动态—供给"逻辑关系。

假设微网内有风电机组、柴油机组、储能装置三个电源元件给时变负荷供电,其"动态—供给"逻辑关系模型如表 3.3 所示。在表 3.3 中,对于电源元件,取值为 0 表示正常状态,取值为 1 表示故障状态;对于负荷点状态,取值为 0 表示稳定供电,取值为 1 表示停止供电,r 表示削减负荷。

表 3.3　"动态—供给"逻辑关系模型

风电机组	柴油机组	储能装置	负荷点状态
0	0	0	$\{0, r, 1\}$
0	0	1	$\{0, r, 1\}$
0	1	0	$\{0, r, 1\}$

续　表

风电机组	柴油机组	储能装置	负荷点状态
0	1	1	1
1	0	0	$\{0, r, 1\}$
1	0	1	$\{0, r, 1\}$
1	1	0	$\{0, r, 1\}$
1	1	1	1

例如,在状态组合 000 的条件下,即风电机组、柴油机组以及储能装置均为正常状态,此时微网内负荷点的状态取决于微网内分布式电源发出功率与负荷大小的比较,若前者大于后者,则根据与负荷点相连的元件节点之间的逻辑关系分析是否得电,负荷稳定供电为 0,负荷停止供电为 1;否则储能放电。如果放电仍不能满足负荷需求,则需按负荷削减策略削减负荷,此时状态为 r。在组合 011 的条件下,即风电机组正常,柴油机组和储能装置故障。当储能装置发生故障时,虽然风电机组正常运行,但是储能装置失去平滑作用,可认为相当于风电机组处于故障状态,由于此时柴油机组也发生故障,所以此时微网内负荷均不得电,因此状态为 1。

采用分时段方法,确定每个时段内分布式电源和储能装置以及时变负荷发出的功率。运用贝叶斯网络时序模拟推理算法,对含微网的配电系统进行可靠性评估,求解出全部可靠性指标,借助贝叶斯网络因果推理可分析任意元件可靠性参数对系统可靠性指标的影响大小。

基于贝叶斯网络时序模拟推理算法,含微网配电系统可靠性评估步骤如下。

(1)各数据初始化。设定置信概率 $\alpha = 95\%$,系统平均供电不可用率指标(Average Service Unavailability Index,ASUI)的计算精度为 $\varepsilon = 10^{-6}$,构成独立广义事件的循环次数为 20000 次。

(2)计算 $i = 1$ 时风机发出功率 P_{WG}、柴油机组发出功率 P_{DG},计算分布式电源发出功率的功率和 $\sum P = P_{WG} + P_{DG}$,以及负荷所需功率 P_L。如果分布式电源或者储能装置故障,则功率等于 0。

(3)设系统内部将各元件均为两状态模型,对于每一元件的状态进行时序模拟,找到最小持续时间 $D_{\min}$。

(4)在最小时间段内,对于微网外的负荷,影响负荷点供电的元件有直接或间接相连的线路和变压器等元件。根据贝叶斯网络节点间的"与""或""联合"和"因果"逻辑关系进行时序模拟推理判断负荷节点的状态。

(5)对微网内的负荷,正常运行时为并网运行模式,此时主网电源与微网内电源共同为负荷供电。发生故障时,微网为孤岛运行模式,只由微网内电源供电。因此,除了节点间的"与""或""联合"和"因果"逻辑关系外,还应根据微网内贝叶斯网络的时序模拟过程推理判断各个负荷点的得失电状态。

(6)计算累计最小持续时间内的停电时间和停电次数。对于所有负荷点,根据负荷节点与系统节点之间的因果关系,分析并计算系统节点在 D_{min} 内的状态与对应的时间。

(7)计算下一次各元件状态及持续时间,重复(3)至(6)过程,直至循环次数大于给定值,通过累计若干个最小持续时间 D_{min} 内的系统故障时间、系统总模拟时间、停电用户次数等参数,计算在该时段内的配电系统的可靠性指标。例如,该时段内平均供电不可用率指标(ASUI)为系统的故障时间与系统总模拟时间的比值,用 p_1 表示。

$$p_1 = \frac{系统的故障时间}{系统总模拟时间}$$ 3.19

(8)在给定置信概率及计算精度下,判断是否满足收敛判据,若是,则进入(9),否则返回(3)。

(9)计算 $i=2$ 时风电机组发出功率 PWG、柴油机组发出功率 PDG 以及负荷所需功率 PL。重复(3)至(8)过程。该时段得到的系统平均供电不可用率指标(ASUI)为 p_2,依次计算,直到 $i=8760$。因此,得到配电系统的可靠性指标 ASUI 为:

$$ASUI = \sum_{i=1}^{n} H_i p_i = \sum_{i=1}^{8760} \frac{1}{8760} p_i$$ 3.20

其他系统可靠性指标也可依次算出。同时,也可以计算出系统故障时各个元件故障的条件概率。

3.2.6　灵敏度分析模型

为量化元件对系统可靠性指标的影响程度,下面将介绍基于故障树法的系统元件可靠性灵敏度计算模型。[12]

(1)故障树法

故障树法使用图形演绎逻辑推理,用图说明系统失效的原因,将系统故障同组成系统各部件的故障有机地联系在一起,以找出系统全部可能的失效状态,即故障树的全部最小割集。

故障树法的关键是准确掌握各元件可靠性关联关系,在此基础上,对系统不同运行容量建立正确的故障树模型。完整的故障树由若干底事件通过逻辑门连接到一个或多个顶事件(选定的系统故障状态称为顶事件)。根据所给底事件的故障率、修复时间等参数,计算各顶事件相关可靠性指标,步骤如下:①定义系统故障,确定系统故障事件,即顶事件;②分析输电系统各元件或子系统间的可靠性连接关系,生成系统各运行容量等级的故障树;③进行定性与定量分析,即输入故障树结构和底事件参数,计算系统可靠性指标。

(2)元件灵敏度计算

①概率灵敏度

故障树中各底事件对系统故障的影响大小不同,可用底事件的灵敏度进行描述。由可靠性评估理论和微积分理论可知,系统可靠性的灵敏度实质是各系统可靠性指标对元件可靠性参数的偏微分。因此,灵敏度指标反映了元件可靠性参数的微小变化引起系统可靠性改变的程度及改变趋势。

假设某系统可靠性指标为 f_s,元件原始参数为 a,则灵敏度计算公式为 $\dfrac{\partial f_s}{\partial a}$。当故障树有 n 个底事件,P_s 为故障树顶事件发生的概率,$P_{si}(1 \leqslant i \leqslant n)$ 为故障树底事件发生的概率,则有:

$$P_s = P_s(P_{s1}, P_{s2}, \cdots, P_{sn}) \tag{3.21}$$

从而第 i 个底事件的概率灵敏度定义为:

$$\frac{\partial P_s}{\partial P_{si}} \ \text{或} \ \frac{\partial R_s}{\partial R_{si}}(1 \leqslant i \leqslant n) \tag{3.22}$$

式中,R_s 为系统可靠度;R_{si} 为底事件可靠度。

②关键灵敏度

概率灵敏度反映了元件故障发生的概率对系统故障发生的概率的影响,但难以反映元件故障概率变化对系统故障概率变化的影响,因此引入关键灵敏度的定义,第 i 个底事件对顶事件的关键灵敏度定义为:

$$\frac{\partial P_s}{\partial P_{si}} \cdot \frac{P_{si}}{P_s} \ \text{或} \ \frac{\partial R_s}{\partial R_{si}} \cdot \frac{1 - R_{si}}{1 - R_s} \tag{3.23}$$

关键灵敏度是元件 i 故障概率的相对变化率与它引起系统故障概率相对变化率的比值,它比概率灵敏度反映的内容更全面。故障树底事件的变化将通过特定的故障树结构,从底层事件逐层向顶层事件传递,利用故障树的这一特点,可计算底事件对应元件引起的系统顶事件变化率,即该元件的灵敏度。

(3)组合系统的灵敏度分析

高压直流输电系统故障树的可靠性分析中,常需要用等效模型作为底事件参与计算,如平波电抗器的双极故障。换流变压器的双极故障等。对于等效模型,采用频率和持续时间法(Frequency and Duration Method,FD)结合容量水平归并进行处理。首先,建立组合系统的状态空间图和等效容量模型;其次,由状态空间图写出转移率矩阵 A,从而得到线性方程组:

$$(P_0, P_1, \cdots, P_N)A = 0, \sum_{i=0}^{N} P_i = 1 \tag{3.24}$$

式中,P_i 为在稳态运行下组合系统处于状态 i 的概率。

3.3 可靠性评估在输电网规划中的应用

输电系统可靠性问题经过国内外学者多年的研究,已有了较多的理论研究成果,也形成了完整的指标体系,但很少应用于实际,其中的重要原因是难以对可靠性指标附加经济属性,难以形成统一的定量比选基准。[13]本章将可靠性评估应用于输电网规划的方法,通过选择合适的可靠性指标,并附以经济属性,建立规划方案比选模型,通过上海 220kV 电网规划的实际案例来验证所提方案的可行性。

3.3.1　适用于输电网规划可靠性指标选取

对于电网可靠性评估,根据需求的不同,已有一系列指标衡量,如系统缺供负荷、系统缺供电量、系统平均停电频率、系统平均停电持续时间、系统平均供电可靠率、系统平均供电不可用率等。但对于输电网规划应用,希望采用较少、直观、能较全面反映电网可靠性的指标,同时这些指标还可以被赋予经济属性,用于不同方案的价值比较。由此,本方案选取系统峰荷等效停电持续时间(System Equivalent Peak Interruption Duration Index,SEPIDI)作为输电网可靠性评价指标,原因有以下三个方面。

(1)该指标与供电系统可靠性评估通常使用的用户平均停电持续时间 (Customer Average Interruption Duration Index,CAIDI)定义相仿,易于理解与使用。通过简单转换,可得到系统平均供电可靠率(System Average Interruption Frequency Index,SAIFI):SAIFI=(8760−SEPIDI)/8760×100%。

(2)该指标体现了系统负荷损失量,即缺供电量(Energy Not Supplied,ENS):ENS $= L_p \times$ SEPIDI。通过缺供电量可反映系统停电带来的损失大小,从而方便为可靠性指标附加经济属性。

(3)该指标较为全面地反映了输电网的可靠性,指标越小,说明电网越坚强。

3.3.2　电网可靠性价值衡量方法

电网建设追求较高安全性和较低的建设成本,在两者的博弈中最终做出相对可接受的选择。对电网安全可靠性的追求是永无止境的,但出于建设成本考虑,应适可而止,不能盲目片面地追求高可靠性方案。因此,需要对可靠性计算结果赋予合适的经济属性,以反映不同方案的经济价值,从而辅助决策。

对于电网企业来讲,电网可靠性价值主要体现在系统停电后造成的电量损失方面,但同时电网企业具有公共服务属性,承担着社会责任,而停电将造成全社会的巨大损失,因此停电损失价值应为对社会带来的经济损失价值评估值。但该值涉及多种因素的影响,很难准确量化。为简化问题,本章提出利用单位电量 GDP 和社会停电影响系数 K 来衡量停电损失 C,即

$$C = K \times ENS \times GDP \qquad\qquad 3.25$$

式中,选用单位电量 GDP 用以衡量停电带来的直接经济损失。原因如下:①单位电量 GDP 容易获得,不同省区市定期公开发布;②由于电力是基本能源设施,当发生停电事件时,受影响的用户几乎处于零生产状态,该损失值接近体现了停电事故带来的直接经济损失。

当发生停电事件,造成的社会影响等效损失不只是直接经济损失,可以用系数 K 体现。该系数难以准确衡量,本方案建议参考国网对供电分区(A+、A、B、C、D 等)的划分,选取如下 K 值:$K(A+)=4$;$K(A)=3$;$K(B)=2.5$;$K(C)=2$;$K(D$ 及以下区域$)=1.5$。以上取值可结合工程实际情况做适当调整。

3.3.3　基于可靠性评价的输电网规划模型

输电网规划建设经过长期的发展,积累了一定的经验,已形成了完整的规划设计原则用以指导规划方案的制订。电网规划备选方案首先应满足基本的规划设计原则且具有可实施性,在此基础上,本章提出应用可靠性评估来确定推荐方案,总体模型如图 3.8 所示。

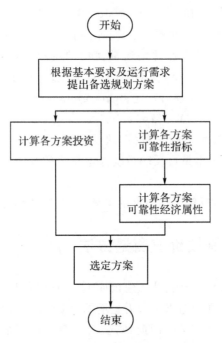

图 3.8　基于可靠性评估的输电网规划模型

3.3.4　算例分析

3.3.4.1　规划区域概况

上海崇明电网以 220kV 电网为主干输电网,并分别从江苏和上海陆域电网受电,岛内电网将建设投运 500kV 崇明变电站,并配套建设 220kV 电网。以此电网作为案例,应用前述方法,确定崇明 220kV 电网规划方案,验证所提规划方法的可行性和适用性。

目前,崇明电网已建成 5 座 220kV 变电站,规划负荷约 1500MW,属 B 类供电区域,通过 2 回 220kV 线路从江苏省南通电网的 220kV 民生站受电,同时崇明电网还通过长兴—洲海 2 回 220kV 线路与上海陆域电网相连。此外,容量为 2×400MW 的申崇燃机电厂通过 2 回 220kV 线路接入堡北站。崇明电网 220kV 接线图如图 3.9 所示。

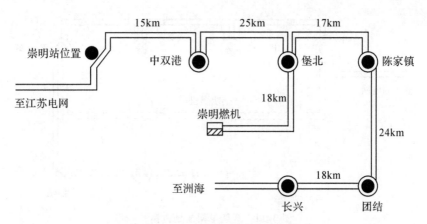

图 3.9　崇明电网 220kV 接线图

3.3.4.2　规划方案制订

根据规划技术原则及岛内电网建设条件,提出两个备选方案。

方案一:将"中双港—堡北""堡北—陈家镇"线路两两搭通,形成"中双港—陈家镇"双回线;分别新建"堡北—崇明""堡北—陈家镇"双回架空线,如图 3.10 所示。实施本方案,崇明岛内将最终形成"崇明—中双港—陈家镇—堡北—崇明"双环网,主要工程量为新建"堡北—崇明""堡北—陈家镇"双回线,线路总长约 57 千米(同塔双回),新增投资约 14250 万元。

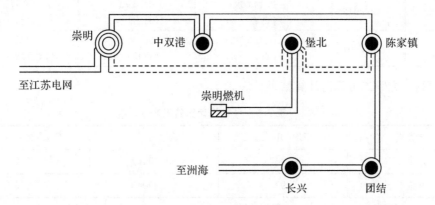

图 3.10　崇明电网规划方案一

方案二:新建"崇明—崇明燃机"双回线;部分利用崇明燃机现状送出线路,建设"崇明燃机—陈家镇"双回线,如图 3.11 所示。实施本方案,崇明岛内将最终形成"崇明—中双港—堡北—陈家镇—崇明燃机—崇明"双环网,主要工程量为新建"崇明—崇明燃机""崇明燃机—陈家镇"双回线,线路总长约 40 千米(同塔双回),新增投资约 10000 万元。

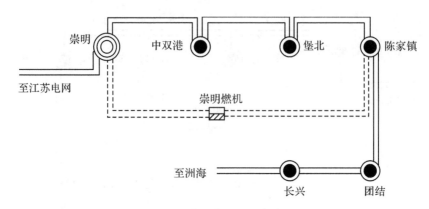

图 3.11　崇明电网规划方案二

3.3.4.3　可靠性计算

本节使用 DIgSILENT/PowerFactory 作为可靠性计算辅助软件。元件可靠性统计数据见表 3.4。

表 3.4　元件可靠性参数表

类别	可用系数/%	强迫停运率	非计划停时间	计划停时间
线路	99.497	0.055 次 /(100km·a)	0.453h /(100km·a)	41.512h /(100km·a)
断路器	99.942	0.141 次 /(百台·a)	0.019h /(百台·a)	4.973h /(百台·a)
母线	99.961	0.166 次 /(百段·a)	0.015h /(百段·a)	3.401h /(百段·a)

方案一、方案二可靠性计算结果见表 3.5。

表 3.5　可靠性计算结果表

方案名	SEPIDI/min	SAIFI/%	ENS(MW·h)
方案一	2.047	99.99961	51.2
方案二	2.975	99.99943	74.3

由表 3.5 可知,方案一系统峰荷等效停电持续时间(SEPIDI)和缺供电量(ENS)低于方案二,即系统平均供电可靠率(SAIFI)略高于方案二。

3.3.4.4　经济性分析与方案推荐

根据统计,2017 年崇明区地区生产总值为 332.8 亿元,全县用电量为 25 亿 kWh,即单位电量 GDP 约为 13.3 元/kWh。

规划区域按供电 B 区考虑,架空线路使用寿命按 40a 考虑,各方案停电总损失如下。

方案一:

$K \times 51.2 \times 13.3 \times 40/10 \approx 6810$(万元)。

方案二：

$$K \times 74.3 \times 13.3 \times 40/10 \approx 9882(\text{万元})。$$

式中，K 为经济影响因子，对 B 类供电区域按前文取 2.5。

根据计算结果，方案二较方案一停电损失多 3072 万元，但节省投资 4250 万元。综合比较起来，方案二总体更优。该分析结果可辅助规划决策。

3.4　可靠性评估在配电网规划中的应用

随着配电网的进一步发展，配电网的供电可靠性问题也得到越来越多的重视，因此在电网规划中对配电网可靠性提出了更高的要求。在电网规划过程中需要对规划的配电网架进行供电可靠性计算，以便分析配电网供电可靠情况，并进一步提出解决方案，完善规划成果。本章以佛山 10kV 中压配电网为例，结合电网实际接线情况，对 10kV 配电网供电可靠性的计算进行了研究，可对未来规划中配电网可靠性计算发挥指导作用。[14]

3.4.1　供电可靠性定义及计算方法

目前，一般以供电可靠率来评估配电网供电可靠性，供电可靠率的计算公式为：

$$供电可靠率 = (1 - \frac{用户平均停电时间}{统计时间}) \times 100\% \qquad 3.26$$

目前计算供电可靠率的方法主要有以下几种：可靠度预测分析法、故障模式后果分析法、状态空间评估法、网络简化法及近似法等，其中某些方法偏理论且与实际电网结构无法切合，另外一些方法计算出的结果与实际电网运行存在一定差距。以上几种方法中较为广泛使用并且比较能够切合电网实际，反映配电网结构和运行特点的，是故障模式后果分析法。因此，在本次 10kV 配电网供电可靠性研究中，采用故障模式后果分析法作为基础算法。

3.4.2　供电可靠性的计算步骤

对地级市的 10kV 配电网供电进行可靠性研究，若直接对地级市的 10kV 配电网进行故障模式后果分析法计算，数据量较大且无法细化到下一层级的 10kV 配电网供电可靠性指标，因此在配电网规划中，以佛山 10kV 中压配电网为例，首先采用故障模式后果分析法对五区（禅城、南海、顺德、三水、高明）的 10kV 配电网进行供电可靠率计算，然后根据佛山五区的理论供电可靠率，结合佛山五区用户数，得到全市理论供电可靠率。

具体计算流程如下。

(1) 区县供电可靠率计算

①故障模式后果分析法中需要用到设备可靠性数据，因此需对区县历史年份的设备

故障情况进行收集，主要收集数据包括架空线路、电缆线路、配电变压器、断路器开关等的设备故障停电率以及设备停运持续时间，如表 3.6 所示。

②统计规划期间区县 10kV 配电网各种接线模式情况。佛山规划 10 kV 配电网接线模式的情况统计如表 3.7 所示。

③采用故障模式后果分析法对各接线模式进行理论供电可靠性计算，然后根据各接线模式的比例，将上述可靠性指标加权平均形成总体指标。

表 3.6 佛山市历史设备故障停电率及停电平均持续时间

分类		实际值		
		2013 年	2014 年	2015 年
设备故障停电率	架空线路/(次/100km·年)	1.65	1.88	2.22
	电缆线路/(次/100km·年)	1.43	1.32	1.52
	配变/(次/百台·年)	0.02	0.04	0.02
	开关/(次/百台·年)	0.58	0.44	0.27
设备故障停电平均持续时间	架空线路/(h/次)	3.94	2.53	3.42
	电缆线路/(h/次)	11.43	3.31	2.96
	配变/(h/次)	2.62	1.95	2.61
	开关/(h/次)	2.57	2.13	2.62

表 3.7 佛山市规划期间 10kV 配电网接线模式统计

接线模式			2015 年	2016 年	2017 年	2018 年	2019 年	2020 年
典型	架空线路	单辐射	141	71	53	40	34	29
		分段单联络	1326	1364	1409	1444	1478	1507
		分段两联络	369	403	458	490	527	563
		分段三联络	34	34	32	30	28	26
	电缆线路	单辐射	87	53	32	20	14	5
		2—1 单环网	591	607	621	638	660	677
		3—1 单环网	216	242	271	321	342	370
		两供一备	137	161	190	221	250	281
		三供一备	162	211	264	288	294	307
		开关站形式的双环网	0	0	0	0	0	0
		两个独立单环构成的双环网	0	0	0	0	0	0

接线模式			2015年	2016年	2017年	2018年	2019年	2020年
非典型	架空线路	分段单联络	98	84	74	67	61	57
		分段多联络	79	72	66	63	58	55
	电缆线路	单联络	130	127	124	120	116	114
		两联络	100	96	92	92	89	86
		三联络	64	61	58	54	53	52
		多联络	47	41	33	22	14	6

区县理论供电可靠率 A 由下式可得：

$$A = \frac{E_3 \times 1}{m} \cdot A_1 + \frac{E_5 \times 0.5}{m} \cdot A_2 + \frac{E_7 \times 0.67}{m} \cdot A_3 + \frac{E_9 \times 0.75}{m} \cdot A_4 + \frac{E_{11} \times 1}{m} \cdot A_5$$

$$+ \frac{E_{13} \times 0.5}{m} \cdot A_6 + \frac{E_{15} \times 0.67}{m} \cdot A_7 + \frac{E_{17} \times 0.67}{m} \cdot A_8 + \frac{E_{19} \times 0.75}{m} \cdot A_9$$

$$+ \frac{E_{21} \times 0.75}{m} \cdot A_{10} + \frac{E_{23} \times 0.5}{m} \cdot A_{11} + \frac{E_{25} \times 0.5}{m} \cdot A_{12} + \frac{E_{27} \times 0.67}{m} \cdot A_{13}$$

$$+ \frac{E_{29} \times 0.5}{m} \cdot A_{14} + \frac{E_{31} \times 0.67}{m} \cdot A_{15} + \frac{E_{32} \times 0.75}{m} \cdot A_{16} + \frac{E_{33} \times 0.75}{m} \cdot A_{17}$$

3.27

式中，E_i 为各接线模式的回路数；A_i 为各种接线模式的理论供电可靠性；$m = E_3 \times 1 + E_5 \times 0.5 + E_7 \times 0.67 + E_9 \times 0.75 + E_{11} \times 1 + E_{13} \times 0.5 + E_{15} \times 0.67 + E_{17} \times 0.67 + E_{19} \times 0.75 + E_{21} \times 0.75 + E_{23} \times 0.5 + E_{25} \times 0.5 + E_{27} \times 0.67 + E_{29} \times 0.5 + E_{31} \times 0.67 + E_{33} \times 0.75 + E_{35} \times 0.75$。

（2）全市供电可靠率计算

根据佛山五区理论供电可靠率，结合佛山五区用户数，得到佛山五区用户停电时户数，进而得到全市用户停电时户数，再通过供电可靠率指标计算公式可得到全市理论供电可靠率。详细步骤如下。

①由佛山五区理论供电可靠率得到用户平均停电时间。

②根据佛山五区用户平均停电时间，结合佛山五区供电用户数，得到该地区停电时户数。

③将佛山五区停电时户数进行累加，然后除以全市一年供电用户总数，即可得到全市用户平均停电时间，从而计算出全市理论供电可靠率。

采用以上方法得出的全市10kV配电网供电可靠率计算结果如表3.8所示。

2015年佛山10kV配电网实际的供电可靠率为99.9964%，与规划计算结果（99.9971%）基本一致，因此本方案可以在配电网规划中作为参考。

61

表 3.8　佛山市规划期间 10kV 配电网供电可靠率计算结果

序号	分区	可靠率/%					
		2015 年	2016 年	2017 年	2018 年	2019 年	2020 年
1	禅城区	99.99859	99.99868	99.99877	99.99885	99.99895	99.99902
2	南海区	99.99783	99.99799	99.99817	99.99833	99.99848	99.99862
3	顺德区	99.99581	99.99620	99.99657	99.99696	99.99724	99.99752
4	三水区	99.99532	99.99536	99.99571	99.99614	99.99653	99.99687
5	高明区	99.99762	99.99783	99.99801	99.99824	99.99842	99.99858
全市合计		99.9971	99.9973	99.9975	99.9978	99.9980	99.9982

3.5　孤岛运行微电网可靠性评估

微电网由可再生能源发电装置、负荷、储能装置及控制设备等组成。接入配电网的微电网能够有效接纳各类分布式电源(DG),并与电网相互支撑,在改善用户供电可靠性方面也发挥着重要作用。[15-17]

微电网有并网和孤岛两种运行模式,并网运行时,容量充裕的上级配电网和风能、太阳能等可再生能源 DG 为用户提供所需的电能;孤岛运行时,可能因微电网中的储能装置或具有恒定出力的 DG 容量有限,出现可再生能源 DG 出力间歇性变化导致功率缺额,而无法满足微电网内用户供电的问题。外部电网故障下,联网型微电网转为计划外孤岛运行模式,继续为微电网内重要负荷供电,以提高重要负荷的供电可靠性;为获取更好的效益,联网型微电网也可以主动脱离配电网,进入计划内孤岛运行模式,因此,有必要评估联网型微电网孤岛运行下的可靠性。独立型微电网一直工作于孤岛运行模式,完全利用自身的 DG 满足微电网内负荷的供电需求,也有必要对其进行可靠性评估。

传统的可靠性分析主要考虑发电机组的随机停运,对其描述引用两状态模型(工作状态和停运状态),故障停运时间适合用指数分布描述。而微电网中的风力发电机(Wind Turbine Generation,WTG)或光伏发电(Photovoltaic,PV)的可再生能源 DG 出力具有显著的随机性和间隙性,与常规电源大不相同;另外,微电网内部在不同时刻可根据需要切换运行方式。由上述分析知,微电网应采取有别于常规电力系统的可靠性分析。

电力系统充裕度可靠性是指在静态条件下,系统满足用户对电力和电能量需求的能力。其按照时间长短可划分为长期可靠性评估和短期可靠性评估。短期可靠性评估考虑的时间尺度通常为小时、天、周或月级,其基于元件瞬时状态概率。随着越来越多短期因素的出现,2004 年的 IEEE PES 会议再次强调了考虑安全特性的电力系统短期可靠性评估的重要性。联网型微电网进入孤岛运行模式后的运行时间一般较短,其充裕度可靠性评估可认为是短期可靠性评估。微电网中利用间歇性可再生能源发电的 DG 出力具有间歇性和随机性，输出功率随时间而变化，且短期可靠性评估采用元件瞬时状态概率，其时变性导致系统状态也随时间而变化，由此，孤岛运行微电网系统的短期可靠性指标值随运行时间而变化，可靠性水平具有时变性。

基于微电网中分布式电源输出功率的分布特点，目前研究多采用马尔科夫链建立间隙性分布式电源输出功率多状态模型，然后结合微电网内负荷水平的不确定性，给出合理的可靠性评估方法。

3.5.1　间隙性分布式电源的模型

（1）分布式电源输出功率的分布划分

以风电和光伏发电为代表的可再生能源发电系统，由于其输出功率呈现间歇性和不可控性，被称为"上帝的发电机"。现有模型多通过经典分布拟合一次能源参量，并基于输出功率与一次能源参量的函数关系，获得输出功率的概率分布。微电网中的间歇性 DG 虽然不像大型风光电场一样集中布置，但由于微电网范围较小，环境特征相似度高，一次能源的分布也具有相关性，因此其功率输出概率可通过气候变化及历史的分布特性进行划分。

不同于传统发电机可靠性分析中的两状态模型，微电网内风机与光伏发电均存在着多种降额运行状态。而降额运行状态的出现势必会对微电网可靠性造成一定的影响。设微电网中有 N_G 台 WTG，将微电网内所有投入运行的 WTG 设备参数中的 v_{in}、v_r 和 v_{out} 按升序排列，设共有 n 个值 $v_1, \cdots, v_n$，形成集合 V，其中 $n \leqslant 3N_G$。只有当风速处在某一个特定区间内时，风机的出力才等于额定出力。根据风速排列，可将每台 WTG 的功率输出与风速关系改写为在这 n 个风速区间上的分段函数，其表达式为：

$$P_j = \begin{cases} 0 & (v < v_{jin}) \\ a_j + b_j v & (v_{jin} \leqslant v \leqslant v_{jx}) \\ P_{jx} & (v_{jx} \leqslant v \leqslant v_{jout}) \\ 0 & (v > v_{jout}) \end{cases} \qquad 3.28$$

式中，P_j 为第 j 台 WTG 的出力—风速关系特性；a_j、b_j 为第 j 台 WTG 出力的有关常数；v_{jin}、v_{jx} 和 v_{jout} 分别为第 j 台 WTG 的切入风速、额定风速和切出风速（m/s）；P_{jx} 为第 j 台 WTG 的额定输出功率。

（2）间隙性分布式电源输出功率的概率模型

以 WTG 为例，按照所在地区时序风速的历史数据，将风速聚类并离散划入若干个区间，形成如图 3.12 所示的多状态时序风速曲线。

对于微电网内的可再生分布式电源，其时序输出功率落入离散输出功率状态对应区间的次数，通过各状态之间的转移次数可获得该分布式电源输出功率状态的马尔科夫链。加上风机故障检修状态和逆变器故障输出为零的情况，形成 WTG 机组出力运行状态集合。对第 i 个可再生 DG，机组运行状态为 $S = (s_1, s_2, \cdots, s_n)$，其中，$n$ 为离散的功率输出状态数。状态的转移关系如图 3.13 所示，其中 λ_{ij} 表示从状态 s_i 到状态 s_j 的一步

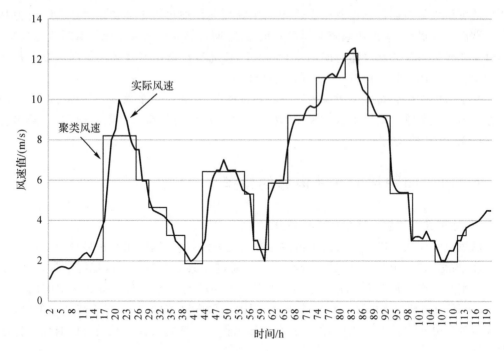

图 3.12 聚类为多状态的时序风速曲线

转移概率,其含义如式 3.29 所示。

$$\lambda_{ij} = \lambda(i \rightarrow j) = \lambda(p(t) = s_j \mid p(t-1) = s_i) \qquad 3.29$$

式中,$p(t-1)$ 为前一阶段不可控 DG 的发电状态;$p(t)$ 为当前阶段不可控分布式电源的发电状态抽样值。

由于微电网内的间歇性不可控分布式电源输出功率 $\{p(t):t \geqslant 0\}$ 为一组随机的样本空间,且分布式电源未来的状态仅与当前的状态有关,而与之前的状态不相关,在进行微电网可靠性评估时,可应用马尔科夫链蒙特卡洛法确定这些分布式电源的期望发电功率(见图 3.13)。

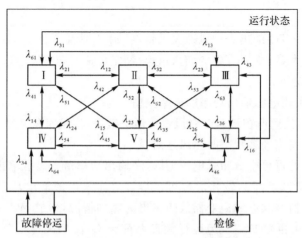

图 3.13 间隙性分布式电源运行的状态马尔科夫链

马尔科夫链的性质由其转移概率决定,用 $\delta_i(t) = P(p(t) = s_i)$ 表示马尔科夫链在 t 时刻处于状态 s_i 的概率,$\delta(0)$ 表示初始向量,随着时间的变化,发电量的概率值逐渐发散到整个状态空间。基于上述情况,微电网内 DG 出力特性求取步骤如下。

①根据风速大小或光照强度的历史数据和风力或光伏发电系统输出功率特性可得到其时序输出功率。

②记录微电源时序输出功率落入离散输出功率状态对应区间次数,以及各状态之间的转移次数,得到微电源输出多模态的马尔科夫链。

③由历史数据计算各状态发生的概率以及相互间的转移率,计算公式为:

$$\delta_i = \sum_{i=1}^{M} T_{ii} / \sum_{j=1}^{M} \sum_{i=1}^{M} T_{ij} \qquad 3.30$$

$$\lambda_{ij} = f_{ij}\delta_i \qquad 3.31$$

式中,M 为多个不可控 DG 聚类后间歇性输出功率状态数;T_{ii} 为输出功率由状态 i 转移到状态 j 之前,停留在状态 i 的总时间;f_{ij} 是输出功率由状态 i 转移到状态 j 的频率。

然后,采用蒙特卡洛法求取间歇性可再生 DG 的发电期望值 P_{UC},计算公式为:

$$s_i = \begin{cases} 1 & (0 < x_i < \delta_i) \\ n & (\sum_{j=1}^{n-1} \delta_j < x_i < \sum_{j=1}^{n} \delta_j) \end{cases} \qquad 3.32$$

$$P_{UC} = \sum_{s_i \in S} E(s_i) P_r(s_i) \qquad 3.33$$

式中,x_i 为在 $[0,1]$ 上均匀分布的随机变量;δ_j 为分布式电源基于马尔科夫链转移对应的概率;$E(s_i)$ 为相对抽样运行状态的输出功率;$P_r(s_i)$ 为由运行状态 s_i 转变为 s_j 的概率,对于风电可用 λ_{ij} 代替。

微电网中光伏发电分布式电源建模时,与 WTG 的出力模式有相似之处,故其对微电网供电可靠性的影响可参照 WTG 来进行分析。

3.5.2　考虑 DG 间歇性位点可靠性评估

(1)微电源输出功率的多状态马尔科夫链

微电网中的风力和光伏发电等可再生能源 DG 具有间歇性特点,随着风速大小、光照强度变化会呈现多个降额出力状态。在微电网上游配电网发生故障导致孤岛运行时,常采用储能装置、燃气发电或者柴油发电等常规可调节 DG 平抑功率波动以保证重要负荷供电的连续性。为了分析微电网在孤岛运行时间歇性 DG 功率缺额对用户供电产生的影响,本节采用马尔科夫链建立微电源输出功率的多状态解析模型。

在建模过程中采用的储能策略是:当 DG 时序出力大于某一负荷水平组合状态下所有负荷点的功率需求时,DG 对储能装置充电;反之,储能装置对负荷供电。

微电网中储能设备可以平滑分布式电源随机出力,其运行状态对微电网可靠性有较大影响。尤其是在非计划孤岛情况下,微电网内负荷可由分布式电源及储能系统联合供电。在分析微电网的可靠性时,需要考虑储能时序充放电过程及其运行状态。在计及最大充放电功率约束、最大最小储能容量限制及充放电循环过程的情况下,储能系统的充

放电模型可表示为:

$$\begin{cases} P_{ES}(t) \leqslant P_{ch\text{-}max} \\ E_{ES}(t) + P_{ES}(t) \leqslant E_{max} \\ E_{ES}(t+1) = E_{ES}(t) + p_{ES}(t) \end{cases} \qquad 3.34$$

$$\begin{cases} P_{ES}(t) \leqslant P_{dch\text{-}max} \\ E_{ES}(t) - P_{ES}(t) \geqslant E_{min} \\ E_{ES}(t+1) = E_{ES}(t) - p_{ES}(t) \end{cases} \qquad 3.35$$

式中,$P_{ES}(t)$ 和 $E_{ES}(t)$ 分别表示储能装置在 t 时刻的充电功率和放电功率及储存的能量;$P_{ch\text{-}max}$ 和 $P_{dch\text{-}max}$ 分别表示储能装置的最大充电功率和最大放电功率;E_{min} 和 E_{max} 分别表示储能装置的最小容量和最大容量限制。

  微电网中不同负荷点的负荷大小不同,每个负荷点还可能存在多个负荷水平;此外各负荷点的重要程度也不同。因此,建模时基于微电网中各负荷点的重要程度排序、负荷大小、负荷水平分级和发生概率,计及微电网孤岛运行时各负荷点及负荷水平呈现的全部负荷水平组合状态的影响。负荷水平组合状态 s 的负荷功率和概率分别为:

$$P_{s,h} = \sum_{r \in H} P_{s,r} \qquad 3.36$$

$$\rho_{s,h} = \prod_{r \in H} \rho_{s,r} \qquad 3.37$$

式中,h 为负荷水平组合状态 s 中重要优先级最低的负荷点;H 为负荷水平组合状态 s 中重要优先级不低于负荷点 h 的所有负荷点构成的集合;$P_{s,h}$ 和 $\rho_{s,h}$ 分别为负荷水平组合状态 s 时集合 H 中所有负荷点的总有功功率和概率;$P_{s,r}$ 和 $\rho_{s,r}$ 分别为负荷水平组合状态 s 时负荷点 r 的负荷大小和概率。

  假设每个负荷水平组合状态下建立的微电源输出功率模型有 N 个状态,其可再生能源 DG 额定输出功率 P_N 能够满足负荷需求。将微电源输出功率不大于零设定为一个状态。再把 P_N 等分成 $N-1$ 个区间,即 $(P_i, P_{i+1}](i=1,2,\cdots,N-1)$。每个区间表示一个输出功率状态,长度为 $P_N/(N-1)$,功率值为 $(P_i+P_{i+1})/2$。

  根据风速大小或光照强度的历史数据和风力或光伏发电系统输出功率特性可得到其时序输出功率。综合考虑该输出功率、负荷水平组合状态的总功率、储能装置的充放电功率和容量可得到微电源时序输出功率。记录微电源时序输出功率落入 N 个离散输出功率状态对应区间的次数以及各状态之间的转移次数可得到微电源输出功率的 N 状态马尔科夫链。各离散输出功率状态之间的状态转移率和状态发生的概率分别为:

$$\lambda_{s,ij} = f_{s,ij}/\rho_{s,i} \qquad 3.38$$

$$\rho_{s,i} = \sum_{n=1}^{N} D_{s,in} / \sum_{m=1}^{N}\sum_{n=1}^{N} D_{s,mn} \qquad 3.39$$

$$f_{s,ij} = N_{s,ij} / \sum_{m=1}^{N}\sum_{n=1}^{N} D_{s,mn} \qquad 3.40$$

式中,$\lambda_{s,ij}$ 和 $\rho_{s,i}$ 分别为负荷水平组合状态 s 时微电源输出功率状态 i 向状态 j 转移的转

移率和状态 i 的发生概率；N 为微电源输出功率状态数；$f_{s,ij}$ 和 $N_{s,ij}$ 分别为负荷水平组合状态 s 时微电源输出功率状态 i 向状态 j 转移的转移频率和转移次数；$D_{s,mn}$ 为负荷水平组合状态 s 时微电源输出功率由状态 m 转移到状态 n 之前，停留在状态 m 的总时间。

（2）微电网内分布式电源输出功率

微电网可靠性可以描述为满足自身负荷所需的电力和电量需求的能力。微电网内分布式电源集合内可控类分布式电源采用两态（运行和停运）模型，其最大发电输出功率由可用装机容量决定，运行状态由 s_1 表示，停运状态由 s_0 表示，且令 $s_1 = 1$ 和 $s_0 = 0$。可控分布式电源的故障率和修复时间分布均由历史统计数据获得。孤岛情况下，微电网内分布式电源在 t 时刻可提供的总发电量 $P_S(t)$ 为：

$$P_S(t) = \sum_{i \in DG_{UC}} P_{UCi} + \sum_{i \in DG_C} P_{Ci} s_i \qquad 3.41$$

式中，P_{UCi} 为微电网内第 i 个不可控 DG 的抽样发电量；DG_{UC} 为不可控 DG 集合；P_{Ci} 为微电网内第 i 个可控 DG 发电容量；s_i 为可控 DG 的运行状态；DG_C 为可控 DG 集合，包括柴油机、微型燃气轮机等。

（3）微电网内负荷水平

微电网的可靠性评估必须计及所承担的负荷情况。鉴于负荷的不确定性，根据历史负荷情况对给定负荷按照不同水平进行分级，并采用离散性分布的直接抽样方法进行抽样，不确定负荷需求量 L_σ 为：

$$L_\sigma = L_i \left(\sum_{i=1}^{I-1} \delta_{Li} < \xi \leqslant \sum_{i=1}^{I} \delta_{Li} \right) \qquad 3.42$$

式中，ξ 为 $[0,1]$ 上均匀分布的随机数；I 为抽样 ξ 负荷水平所对应的负荷水平的概率密度分级数；δ_{Li} 为第 i 级负荷水平 L_i 的概率；$\delta_{Li} = T_i / T$，T_i 为第 i 级负荷水平的时间长度，$T = \sum T_i$ 为负荷曲线的时间总长度。

（4）微电网供电可靠性指标

在分布式电源输出容量和负荷水平概率建立后，即可基于微电网的可靠性指标对微电网进行评估。微电网可靠性评估指标较多，下面以期望缺供电量（Expected Energy Not Supplied，EENS）和负荷缺电时长（Expectation Time of Load Loss，ETLL）为例加以说明。

当微电网孤岛运行时，总负荷需求大于总的分布式电源发电和储能可提供的电量，就会产生缺电。非计划孤岛情况下 EENS 的计算公式为：

$$EENS = \frac{1}{T} \sum_{t=1}^{T} \left[P_L(t) - P_S(t) \right] - P_{ES} \qquad 3.43$$

式中，T 为非计划停电的故障恢复时间；$P_S(t)$ 和 $P_L(t)$ 分别为第 t 时刻微电网内抽样获得的分布式电源总的功率输出和期望负荷量；P_{ES} 为微电网发生非计划停电时储能装置的初始电量。

ETLL 描述微电网在孤岛运行状态时不能满足向给定负荷供电的停电时长，能够较好地反映微电网孤岛运行状态下的供电不足风险，计算公式为：

$$ETLL = \frac{1}{K} \sum_{k=1}^{K} \sum_{j=1}^{N_L} H_k T_j (P_S, L_\sigma) \qquad 3.44$$

式中,K 为采用蒙特卡洛进行可靠性计算的次数;N_L 是由于供电不足导致的受影响负荷数量;T_j 是在供电电源为 P_S 情况下,第 j 个受影响负荷在负荷需求量为 L_σ 时的停电连续时间长度;H_k 为第 k 次抽样中电力不足量状态标识,可由式 3.45 获得。

$$H_k = \begin{cases} 0 & (DNS_k = 0) \\ 1 & (DNS_k > 0) \end{cases} \qquad 3.45$$

式中,$DNS_k = \max\{0, L_\sigma - P_S\}$,为第 k 次抽样时微电网内负荷供电不足的量。

(5)含间隙性 DG 的微电网可靠性评估流程

考虑分布式电源间歇因素和负荷水平的不确定性,微电网非计划孤岛运行情况下的可靠性评估流程如图 3.14 所示。

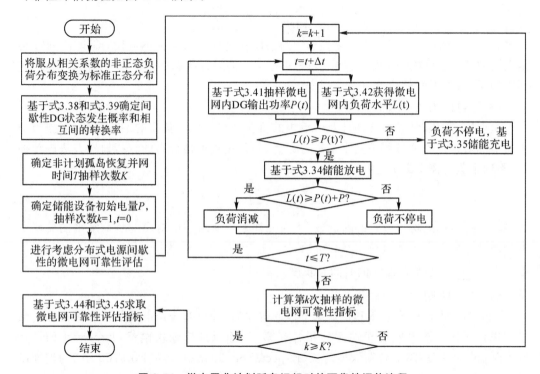

图 3.14　微电网非计划孤岛运行时的可靠性评估流程

(6)负荷点供电可靠性指标

本节进行可靠性评估时,线路和变压器只考虑一阶故障;不考虑微电源对网外负荷供电;微电网内部元件发生故障时将微电源退出运行直到故障修复。计算中计及微电源可用率的影响。计算各负荷点可靠性指标的方法如下。

①微电网外部负荷点的可靠性指标。无论何处发生故障,微电网外部负荷点的可靠性指标均按传统可靠性评估方法计算。

②微电网内部负荷点的可靠性指标。因微电网内部负荷点可以由主网电源与微电源供电,故可以在配电网和微电网连接处把主网电源和微电源进行可靠性并联等效,其等效计算式为:

$$\lambda_{E,h} = \lambda_{pcc}\lambda_{d,h}(r_{pcc} + r_{d,h})/(1 + \lambda_{pcc}r_{pcc} + \lambda_{d,h}r_{d,h}) \qquad 3.46$$

$$U_{E,h} = \rho_{d,h} U_{pcc} \qquad\qquad 3.47$$

式中，$\lambda_{E,h}$ 和 $U_{E,h}$ 分别为微电网内负荷点 h 不能由主网电源和微电源供电时的年停电次数和年停电时间；$\lambda_{d,h}$ 和 $r_{d,h}$ 分别为多个负荷水平下负荷 h 的微电源输出功率充裕状态向不充裕状态转移的转移率和停留在不充裕状态的平均持续时间；$\rho_{\lambda,h}$ 为多个负荷水平下负荷点 h 的微电源不充裕状态出现的概率；λ_{pcc}、r_{pcc} 和 U_{pcc} 分别为微电网与配电网连接处的外部网络等效年停电次数、等效平均停电时间和年停电时间。

微电网内部各负荷点的可靠性指标为：

$$\lambda_{MS,h} = \rho_D (\lambda_{E,h} + \lambda_{I,h}) + (1 - \rho_D)(\lambda_{pcc} + \lambda_{1,h}) \qquad\qquad 3.48$$

$$U_{MS,h} = \rho_D (U_{E,h} + U_{I,h}) + (1 - \rho_D)(U_{pcc} + U_{I,h}) \qquad\qquad 3.49$$

式中，$\lambda_{MS,h}$ 和 $U_{MS,h}$ 分别为微电网内有微电源时负荷点 h 的年停电次数和年停电时间；ρ_D 为微电源的可用率；$\lambda_{I,h}$ 和 $U_{I,h}$ 分别为微电网内部元件故障时负荷点 h 的年停电次数和年停电时间。由式 3.48 和式 3.49 可计算微电网负荷点 h 的平均停电时间 r_h。根据配电网中所有负荷点的可靠性指标即可计算相应的系统可靠性指标。

为反映微电源间歇性对微电网负荷点供电的影响，本节提出负荷点的微电源平均持续供电时间和平均供电中断系数两个指标。负荷点 h 的微电源平均持续供电时间为：

$$T_{MTH,h} = \frac{1}{\lambda_{MS,h}} \qquad\qquad 3.50$$

负荷点 h 的微电源平均供电中断系数为：

$$K_{MS,h} = \frac{\lambda_{MS,h}}{\lambda_h} \qquad\qquad 3.51$$

式中，λ_h 为不考虑微电源按传统可靠性方法计算时负荷点 h 的年停电次数。由于 $\lambda_h = \lambda_{pcc} + \lambda_{I,h}$，由式 3.48 和式 3.51 可得：

$$K_{MS,h} = 1 + \frac{\rho_D (\lambda_{E,h} - \lambda_{pcc})}{\lambda_h} \qquad\qquad 3.52$$

将式 3.46 代入式 3.52，并计及 $\lambda_{pcc} r_{pcc} \leqslant 1$ 可得：

$$K_{MS,h} = 1 + \frac{\rho_D \lambda_{pcc}}{\lambda_h} \frac{\lambda_{d,h} r_{pcc} - 1}{\lambda_{d,h} r_{d,h} + 1} \qquad\qquad 3.53$$

由式 3.50 可见，指标 $T_{MTH,h}$ 与负荷点的停电次数 $\lambda_{MS,h}$ 有关。$T_{MTH,h}$ 值越大，表明主电网故障和微电源间歇性对负荷点 h 的影响越小，微电源为负荷点 h 持续供电时间越长。由式 3.53 可见，当 ρ_D、λ_h、λ_{pcc} 和 r_{pcc} 一定时，$K_{MS,h}$ 反映了微电源间歇性参数 $\lambda_{d,h}$ 和 $r_{d,h}$ 对负荷点停电频率的影响。

3.5.3　基于系统短期时序状态转移抽样法的可靠性评估

3.5.3.1　两状态元件的短期状态转移概率

电力系统中绝大部分元件为可修复元件，由此仅考虑可修复元件的可靠性。在孤岛模式微电网短期运行内，不考虑元件的计划停运，采用两状态可靠性模型，设状态空间为

$\{0,1\}$,正常工作状态为状态 0,故障状态为状态 1。假设两状态元件的故障率和修复率为常数,元件的无故障工作时间和故障修复时间均服从指数分布,则元件状态转移过程为齐次马尔科夫过程,可知:

$$\frac{\mathrm{d}}{\mathrm{d}t}P(t) = P(t)A = P(t)\begin{bmatrix} -\lambda & \lambda \\ \mu & -\mu \end{bmatrix} \qquad 3.54$$

式中,$P(t)$ 为 t 时刻元件各状态的概率;A 为转移密度矩阵;λ 为元件的故障率;μ 为元件的修复率。

假设当前元件状态为工作状态,即 $P(0)=[1,0]$,求解式 3.54,可得元件在时间 t 后处于工作和故障状态的概率 $p_{00}(t)$ 和 $p_{01}(t)$ 为:

$$[p_{00}(t),p_{01}(t)] = \left[\frac{\mu}{\lambda+\mu}+\frac{\lambda}{\lambda+\mu}e^{-(\lambda+\mu)t},\frac{\lambda}{\lambda+\mu}(1-e^{-(\lambda+\mu)t})\right] \qquad 3.55$$

假设当前元件状态为故障状态,即 $P(0)=[0,1]$,求解式 3.54,可得元件在时间 t 后处于工作和故障状态的概率 $p_{10}(t)$ 和 $p_{11}(t)$ 为:

$$[p_{10}(t),p_{11}(t)] = \left[\frac{\mu}{\lambda+\mu}(1-e^{-(\lambda+\mu)t}),\frac{\lambda}{\lambda+\mu}+\frac{\mu}{\lambda+\mu}e^{-(\lambda+\mu)t}\right] \qquad 3.56$$

当时间 t 取较小值时,式 3.55 和式 3.56 与 t 相关,称此情况下概率为两状态元件的短期状态转移概率。进一步的,元件在 $[0,T_1]$ 时段内的平均不可用率 U_{avg} 为:

$$U_{avg} = \frac{1}{T_1(\lambda+\mu)}\int_0^{T_1} P(0)\begin{bmatrix} \lambda(1-e^{-(\lambda+\mu)t}) \\ \lambda+\mu e^{-(\lambda+\mu)t} \end{bmatrix}\mathrm{d}t \qquad 3.57$$

式中,$P(0)$ 为元件在 $t=0$ 时刻的各状态概率。

3.5.3.2 系统短期时序状态转移抽样法及其抽样过程

设系统含有 n 个元件,微电网内元件数目较少。因此,在仅考虑一重故障下,共有 $n+1$ 个系统状态。设 x_0 为所有元件正常工作的系统状态,$x_1,x_2,\cdots,x_n$ 分别为元件 $k(k=1,2,\cdots,n)$ 发生故障所对应的系统状态,则系统状态空间为 $\{x_0,x_1,\cdots,x_n\}$。设抽样间隔为 Δt,在抽样间隔 Δt 内元件状态不发生转移,将 Δt 代入式 3.55 和式 3.56,求解各个元件的短期状态转移概率,进而可计算得到含 n 个两状态元件的系统的短期状态转移概率矩阵 $P_S(\Delta t)$:

$$P_S(\Delta t) = \begin{bmatrix} P_{x_0 x_0}(\Delta t) & P_{x_0 x_1}(\Delta t) & \cdots & P_{x_0 x_n}(\Delta t) \\ P_{x_1 x_0}(\Delta t) & P_{x_1 x_1}(\Delta t) & \cdots & P_{x_1 x_n}(\Delta t) \\ \cdots & \cdots & \cdots & \cdots \\ P_{x_n x_0}(\Delta t) & P_{x_n x_1}(\Delta t) & \cdots & P_{x_n x_n}(\Delta t) \end{bmatrix} \qquad 3.58$$

式中,$P_{x_i x_j}(\Delta t)$ 为系统的短期状态转移概率,即系统由状态 x_i 经过时间 Δt 后转移到状态 x_j 的概率,$i,j=0,1,\cdots,n$。

如果 Δt 后的系统状态未发生转移,则系统状态的停留时间增加 Δt;如果系统状态发生转移,则获得新的系统状态,并重新开始统计系统状态停留时间。如此以间隔 Δt 抽样系统状态,可得到孤岛运行时间 T 内的系统短期时序状态样本。Δt 的选取必须使在这个时间中系统发生两次或多次转移的概率可以忽略不计,如果在任一特殊情况下无法确

定 Δt 的取值,则可以先估计一个 Δt 的值,以这个值抽样系统并计算出可靠性结果,然后将 Δt 值减少再进行重复计算,并且继续这个过程,直到两组结果在可以接受的允许精度范围之内,从而确定 Δt 的取值。

3.5.3.3　考虑控制策略的 DG 装置出力模型

微电网中,大部分 DG 是通过电力电子接口接入,由 DG、电力电子变换器、控制器、保护电路等构成 DG 装置,其控制策略主要有恒压恒频控制、恒功率控制和下垂控制。本节考虑的 DG 装置包括风力发电(Wind Turbine,WT)装置、光伏电池(Photovoltaic,PV)装置和微型燃气轮机(Micro Turbine,MT)装置。WT、PV 装置利用间歇性可再生能源发电,一般采用恒功率控制,为间歇性 DG 装置;MT 装置利用非间歇性能源发电,可采用恒功率控制,也可采用恒压恒频控制或下垂控制,为非间歇性 DG 装置。但孤岛运行微电网中必须要有恒压恒频控制或下垂控制的 DG 装置。

正常工作状态下,恒功率控制的 MT 装置出力为指定值,恒压恒频控制或下垂控制的 MT 装置出力随系统功率平衡情况而变化。充裕度可靠性评估中,考虑元件故障下系统切负荷的情况,当系统满足功率平衡时认为不需切除负荷。因此,充裕度可靠性评估模型中,恒压恒频控制或下垂控制的 MT 装置用到的是其正常工作状态下的最大出力。

3.5.3.4　孤岛运行微电网短期可靠性评估

(1)计划解列及切负荷策略

为避免因微电网内部故障而引起整个微电网停电,微电网还需预备解列方案,一般是预先设置合理的解列点。目前微电网一般是辐射状拓扑结构,且考虑到功率平衡原则、电气分布、地理位置等因素,设置解列后形成两类孤岛系统:微电网级孤岛和主馈线级孤岛。微电网级孤岛为包含孤岛运行微电网部分或全部负荷及所有非故障 DG 装置的功率平衡区域,解列点设置在微电网的并网点上。主馈线级孤岛为包含一个或几个DG 装置及其周边负荷的功率平衡区域,解列点设置在主馈线的开关器件上。

根据不同元件故障对负荷点供电情况的不同影响,将系统状态分为四种类型:①type1,系统正常工作状态;②type2,DG 装置或储能装置故障状态;③type3,分支馈线故障状态;④type4,主馈线故障状态。对各系统状态进行类型判断,对应解列后形成微电网级孤岛和主馈线级孤岛两类孤岛系统,如图 3.15 所示。

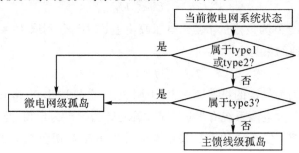

图 3.15　孤岛类型判断示意

微电网中储能装置的主要作用为功率缺额时作为可控电源出力,计及储能装置最大输出功率及最大容量,建立储能装置充放电模型。

$$\begin{cases} P_{ch}(t) = \left[\sum_i P_{DG,i}(t) - \sum_i P_{L,j} \right] \leqslant P_{ch,max}, \sum_i P_{DG,i}(t) > \sum_i P_{L,j} \\ P_{disch}(t) = \left[\sum_j P_{L,j} - \sum_i P_{DG,i}(t) \right] \leqslant P_{disch,max}, \sum_j P_{L,j} > \sum_i P_{DG,i}(t) \end{cases}$$ 　3.59

式中,$P_{ch}(t)$ 和 $P_{disch}(t)$ 分别为储能装置实时充电功率和放电功率;$P_{ch,max}$ 和 $P_{disch,max}$ 分别为设定的最大充电功率和最大放电功率;$P_{DG,i}(t)$ 为孤岛系统内第 i 个 DG 装置的实时有功出力;$P_{L,j}$ 为孤岛系统内第 j 个负荷的有功功率。

$$\begin{cases} Q_{in} = P_{ch}(t) \cdot \Delta t \\ Q_{out} = P_{disch}(t) \cdot \Delta t \\ Q_{remain} + Q_{in} \leqslant Q_{max} \\ Q_{remain} - Q_{out} \leqslant Q_{min} \end{cases}$$ 　3.60

式中,Q_{in} 和 Q_{out} 分别为储能装置充电量和放电量;Q_{remain} 为储能装置剩余电量;Q_{max} 和 Q_{min} 分别为储能装置最大和最小容量限度。考虑储能装置充放电作用下的故障解列后孤岛系统也可能需切除部分负荷。采用考虑负荷重要度的切负荷策略,优先考虑重要负荷供电,仅考虑有功功率充裕性下,对非重要负荷按照最小负荷点优先切除原则,逐步判断切负荷的情况。则故障解列后孤岛系统的非重要负荷切负荷策略判定式为:

$$\sum_i P_{DG,i}(t) + P_{disch}(t) \geqslant \sum_j P_{L,j}$$ 　3.61

先假定解列后孤岛系统内所有非重要负荷点均不被切除,判断是否满足式 3.61,若否,孤岛内有功功率最小的非重要负荷点优先被切除,直到满足式 3.61 为止。

(2)静态安全约束

孤岛运行微电网主要有主从控制、对等控制和综合控制三种策略。孤岛运行微电网采用对等控制或综合控制策略时,系统没有平衡节点,由采用下垂控制的 DG 装置调节微电网的频率和电压,系统稳态频率是未知状态变量,而频率对电力系统影响很大,严重时会造成系统的瓦解。因此,孤岛运行微电网短期可靠性评估中需要考虑的静态安全约束包括节点电压幅值约束和稳态频率约束。

节点电压幅值安全性约束为:

$$U_{i,min} \leqslant U_i \leqslant U_{i,max}$$ 　3.62

式中,$U_{i,max}$ 和 $U_{i,min}$ 分别为设定的节点 i 电压幅值上、下限,分别取 1.05p.u. 和 0.95p.u.。

稳态频率安全性约束为:

$$f_{min} \leqslant f \leqslant f_{max}$$ 　3.63

式中,f_{max} 和 f_{min} 分别为设定的稳态频率上、下限数值,分别取 1.004p.u. 和 0.996p.u.。

主从控制的孤岛微电网系统有平衡节点,系统稳态频率为定值,且一般为工频,此情况下不需考虑稳态频率安全性约束。采用潮流计算方法对切负荷后的孤岛系统进行确定性潮流计算,得到系统的稳态频率和节点电压值,如果其不满足式 3.62 和式 3.63 的约束,则切除相应的负荷。

（3）短期可靠性指标及评估流程

采用系统短期时序状态转移抽样法，获得微电网时序系统状态，并考虑计划解列、孤岛系统切负荷策略、静态安全约束进行孤岛运行微电网短期可靠性评估，其主要步骤如下。

①输入微电网系统线路、负荷点、DG 装置、储能装置参数，系统解列点及进入孤岛运行模式的初始时刻 t_0；设定孤岛运行时间为 T、方差系数为 q、抽样间隔为 Δt；令初始仿真次数 $l=0$。

②采用系统短期时序状态转移抽样法，以 Δt 为间隔，抽取孤岛运行时间 T 内的微电网系统状态；令 $l=l+1$。

③依次选取第 l 次仿真的每个系统状态 x_i，由图 3.15 判断各系统状态类型，得到各状态解列后所属的孤岛类型，对应形成其孤岛系统的拓扑结构；再根据所建立的考虑控制策略的 DG 装置出力模型，得到各时刻的出力信息；进而得到 M 个微电网系统整体状态。

④对第 l 次仿真的 M 个微电网系统整体状态的可靠性评估：首先采用计及负荷重要度的最小切负荷策略进行故障解列后孤岛系统的切负荷运算；再对切负荷后的孤岛系统进行潮流计算，切除不满足静态安全约束的负荷点；最后，由定义的短期可靠性指标计算出短期可靠性指标值。

⑤如果系统充电量不足期望值指标的方差系数小于 q，则计算 l 次可靠性指标的平均值，仿真结束；否则，返回步骤②。

参考文献

[1] 罗建勇,赵客壮.基于高斯混合模型和交叉熵的电网可靠性评估算法[J].电网与清洁能源,2017(12):8-11.

[2] 陈凡,卫志农,黄正,等.大电网可靠性评估状态分析实现方法的比较[J].电力系统及其自动化学报,2016(11):82-87.

[3] 唐勇俊,曹哲,袁智强.基于可靠性评估的电网综合评价规划方法研究[J].电力与能源,2017(1):87-90.

[4] 李翔.配电系统可靠性评估方法综述[J].四川水力发电,2011(5):123-127.

[5] 黄江宁.基于蒙特卡罗法的电力系统可靠性评估算法研究[D].杭州:浙江大学,2013:22-24.

[6] 赵渊,王洁,耿莲,等.电网可靠性非序贯蒙特卡洛仿真的扩展交叉熵法[J].中国电机工程学报,2017(7):1963-1974.

[7] 许鹏程,刘文霞,陈启,等.基于重要抽样与极限学习机的大电网可靠性评估[J].电力自动化设备,2019(2):204-210.

[8] 李莉,阳东升,余梦天,等.基于改进混合法的电网运行可靠性评估方法研究[J].电测与仪表,2021(10):74-79.

[9] 方学智,李傲伟,龙琴,等.适应配电网网格化规划的可靠性预测方法[J].电测与仪表,2020(3):72-78,93.

[10] 陈子元,杨昊,万博文,等.考虑负荷特性的并网型微电网可靠性评估[J].智慧电力,2019(2):37-42.

[11] 高立艾,霍利民,黄丽华,等.基于贝叶斯网络时序模拟的含微网配电系统可靠性评估[J].中国电机工程学报,2019(7):2033-2041.

[12] 周家启,陈炜骏,谢开贵,等.高压直流输电系统可靠性灵敏度分析模型[J].电网技术,2007(19):18-23.

[13] 魏小淤,纪元,庞爱莉,等.可靠性评价在上海 220 kV 电网规划中的应用[J].电力勘测设计,2020(1):45-48.

[14] 潘沃胜.电网规划的 10kV 配电网供电可靠性计算研究[J].机电信息,2019(18):19-20.

[15] 彭寒梅,郭颖聪,昌玲,等.基于系统短期时序状态转移抽样法的孤岛运行微电网可靠性评估[J].电工电能新技术,2018(1):66-74.

[16] 崔凯,孔祥玉,金强,等.考虑分布式电源出力间歇性的微电网可靠性评估[J].电力系统及其自动化学报,2018(9):97-102.

[17] 王韶,谭文,黄晗.计及微网中可再生能源间歇性影响的配电网可靠性评估[J].电力自动化设备,2015(4):31-37.

第4章 电网规划中的全寿命成本计算

4.1 全寿命周期成本

传统的电网规划研究方法有投入产出法和成本效益分析法,如果只关注电网投资的一次成本和局部效益,而对电网投资的长期性和资金的时间价值缺乏考虑,则无法全面反映规划方案的真实成本。

全寿命周期成本管理是从工程项目的整个寿命周期出发,综合考虑电力设备及系统的投资、运行、维护、故障直至废弃各个阶段的各项成本,采用合理的算法,使规划方案的确定更加具备实际参考价值。[1]

电网的全寿命周期成本(Life Cycle Cost,LCC)指的是电网经济寿命周期内所发生的总费用,主要包括:电网初始投资成本 C_I、电网运行成本 C_O、电网故障损失成本 C_F、设备的退役处置成本 C_D。电网的全寿命周期成本计算公式如下:

$$C_{LCC} = C_I + C_O + C_F + C_D \qquad 4.1$$

每个供电方案都必须满足同样的电力需求,因此它们的收益是相等的。比较不同供电方案的经济性,只需计算各个方案的费用,并以费用最少作为方案选优的标准。基于以上考虑,方案比选可采用年费用法,根据年费用大小判定其经济性。

计算年费用时,费用分解结构模型不必覆盖寿命周期内的所有细节成本。根据有无对比原则,改造前后相同或非常相近的成本不归入计算;同时,忽略在 C_{LCC} 中占比小且难以精确量化的成本因素。简化后的全寿命周期成本模型不考虑退役处置费用,并将运行费用简化为线损费用和线路维护检修费用。

$$\begin{cases} C_{LCC} = 初始投入费用\ C_I + 运行费用\ C_O + 故障损失成本\ C_F \\ C_O = 线损费用 + 线路维护费用 \\ C_F = 直接损失成本 + 间接损失成本 \end{cases} \qquad 4.2$$

(1)中压初始投资成本 C_I

$$C_I = (L \times C_0 + num \times C_f) \qquad 4.3$$

式中,L 为中压线路长度(km);C_0 为单位长度线路的投资(万元/km);C_f 为环网开关(负荷开关或环网柜)的投资(万元/台);num 为线路的分段数与联络数的合计值。

(2)年运行成本 C_O

$$C_O = \alpha \Delta A \times 10^{-4} + U_1 \qquad 4.4$$

$$\Delta A = \Delta P_l \times \tau \qquad 4.5$$

式中，α 为 10kV 购电价(元/kWh)；U_1 为线路检修和维护费用(元)；ΔP_l 为线路最大负荷损耗(kW)；τ 为最大负荷损耗小时数(h)。

(3)年停电损失 C_F

停电损失可以仅分析直接损失，即停电给供电公司造成的经济损失；也可以进一步考虑社会效益，同时计及直接损失和间接损失。

直接损失的计算公式如下：

$$C_{LOSS1} = P_1 \times t_{AIHC} \times \beta \times 10^{-4} \qquad 4.6$$

式中，C_{LOSS1} 为停电造成的直接损失(万元)；t_{AIHC} 为系统平均停电持续时间(h)；P_1 为单条线路的平均负荷(kW)；β 为购售电价差(元/kWh)。

间接损失可采用度电产值计算，度电产值是指某一时期(年)某一地区生产总值与所消耗电能的比值，其计算公式如下：

$$C_{LOSS2} = P_1 \times t_{AIHC} \times k \times 10^{-4} \qquad 4.7$$

式中，C_{LOSS2} 为停电造成的间接损失(万元)；k 为度电产值(元/kWh)。

(4)单条 10kV 出现的年费用

$$C_a = C_I \left[\frac{r_0(1+r_0)^n}{(1+r_0)^n - 1} \right] + C_O + C_F \qquad 4.8$$

式中，C_a 为平均分布在 n 年内中压线路年总费用；n 为线路经济适用年限；r_0 为折现率。

4.2 灵敏度分析模型

全寿命周期成本计及的内容很丰富；再者，线损涉及网络的潮流计算，全寿命周期成本求解较复杂，这些都会影响电网规划方案的评估速度。灵敏度分析模型用于比对相关因素对全寿命周期成本的影响程度，同样可以作为决策行为的依据。[2]

从电网规划方案的全寿命周期成本模型可以看出，影响配网规划方案的全寿命周期成本的主要参数有折线率 r_0、单位缺电成本 c_{ens}、单位线损成本 p 以及负荷 P_1 等。由上述参数表示的全寿命周期成本模型为：

$$C_{LCC} = f(r_0, c_{ens}, p, P_1) \qquad 4.9$$

对其求偏导，可得全寿命周期成本灵敏度分析模型为：

$$\Delta C_{LCC} = \frac{\partial f}{\partial r_0} \Delta r_0 + \frac{\partial f}{\partial c_{ens}} \Delta c_{ens} + \frac{\partial f}{\partial p} \Delta p + \frac{\partial f}{\partial P_1} \Delta P_1 \qquad 4.10$$

在一定范围内，Δr_0、Δc_{ens}、Δp 和 ΔP_1 可看作该模型的变量，$\frac{\partial f}{\partial r_0}$、$\frac{\partial f}{\partial c_{ens}}$、$\frac{\partial f}{\partial p}$ 和 $\frac{\partial f}{\partial P_1}$ 可看作该模型的常数。

配电网规划的全寿命周期成本增量分析与全寿命周期成本都可用于方案的评估，前

者从成本增量角度进行方案的选择,后者从成本角度进行方案的选择,两者可统一为:

$$\min F = C_{LCC} + \alpha \Delta C_{LCC} \qquad\qquad 4.11$$

式中,α 为风险决策系数,其取值为 $\{0,1\}$,当 α 取 0,表示不考虑参数变化带来的成本增量,这样选择方案会带来增加成本的风险;当 α 取 1,表示计及参数改变带来的成本增量,称为考虑全寿命周期成本的配电网规划灵敏度分析模型。

4.3 基于差异化的全寿命周期成本

基于全寿命周期成本理论的资产管理虽然实现了对设备在整个寿命周期的全面分析,但大都集中在一些特定的设备,模型较为简单。随着国家电网公司《电网差异化规划设计指导意见》的下发,差异化规划设计[3]逐渐用于指导电网规划和改造。

差异化设计的目的在于发生重大自然灾害时,保障核心骨干网架的稳定运行和重要负荷的持续供电。差异化成本根据规划方案的不同,分为核心骨干网架的新建成本和对原有电网提高标准的改造成本,结合全寿命周期成本理论,又可以细分为差异化投资成本、差异化运行成本、差异化维护成本和差异化报废成本。差异化效益则根据灾害经济学中的"有无对比"原则,定义为"无差异化设计"时,灾害可能造成的损失。

与传统的全寿命周期成本比较,其主要特点体现为:

(1)所有的成本要素均只考虑因为差异化设计所新增的成本,即只考虑提高设计标准的改造或新建的"加强"成本。

(2)主要考虑重大自然灾害的影响,故常规的故障成本不包含在成本要素之内。

(3)在全寿命周期内新增了差异化效益,反映由于差异化设计后能抵御自然灾害而减少的损失,即"减损"效益。

具体的差异化全寿命周期成本效益评估体系如图 4.1 所示。

(1)差异化成本分析

差异化投资成本 C_I,即构建核心骨干网架电网需增加的一次性投资成本,包括强化设备投资 M_1、强化设计技术投资 M_2、差异化工程建设投资 M_3、新增土地成本 M_4。

$$C_I = M_1 + M_2 + M_3 + M_4 \qquad\qquad 4.12$$

差异化运行成本 C_O,主要是指对电网改造或新建后,相应设施运行过程中涉及的人工成本、能源损耗费用和材料、机器台班费。

差异化维护成本 C_M,包括改造或新建电网设备的日常维护、调试、检修费用。

差异化运行成本和维护成本按差异化投资成本百分比进行估算。

$$C_O + C_M = K_1 C_I \qquad\qquad 4.13$$

式中,K_1 为运行维护比例系数。

差异化报废成本 C_D,包括设备的处理成本和残值,其中处理成本含处理的人工费用和环保费用,按初始投资的百分比进行估算。

$$C_D = f_1 - f_2 = K_2 C_I - \frac{C_I}{(1+r)^N} \qquad\qquad 4.14$$

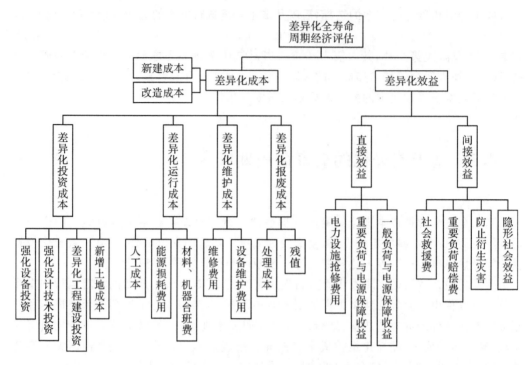

图 4.1　差异化全寿命周期成本经济性评估体系

式中，f_1 为处理成本；f_2 为残值；K_2 为处理系数；r 为年均折旧系数；N 为研究寿命周期。

（2）差异化效益分析

差异化效益 D_B 包括直接经济效益 B_1 和间接经济效益 B_2。

直接经济效益 B_1 包括电力设施抢修费用 B_{11}、重要负荷和重要电源保障效益 B_{12} 以及一般负荷和一般电源保障效益 B_{13}，即

$$B_1 = B_{11} + B_{12} + B_{13} \qquad 4.15$$

电力设施抢修费用 B_{11} 主要是指抢修、重建在灾害中受损的重要电网设施等进行的二次投资，可近似认为同未加强时所需的投资相等。

$$B_{11} = K_3 C_{r'} \qquad 4.16$$

式中，$C_{r'}$ 为不进行差异化规划所需的投资；K_3 为抢修系数。

重要负荷和重要电源保障效益 B_{12} 主要是指在重大自然灾害或严重故障下，保障对重要负荷的供电而得到的收益以及通过差异化规划，使得重要电源的电能"送出去"，避免发生核电站停堆、大型火电站非计划停机、重要水电厂弃水等损失。

$$B_{12} = (\lambda_3 - \lambda_2)L_1 T + (\lambda_2 - \lambda)L_1 T \qquad 4.17$$

式中，λ_3 为电力公司的售电电价；λ_2 为发电公司的上网电价；λ 为发电成本；L_1 为保障的重要负荷数；T 为灾害场景下期望停电时间。

同理，可得到一般负荷和一般电源的保障效益 B_{13}。

$$B_{13} = (\lambda_3 - \lambda_2)L_2 T + (\lambda_2 - \lambda)L_2 T \qquad 4.18$$

式中，L_2 为保障的一般性负荷。

间接经济效益 B_2 主要包括社会救援费、重要负荷赔偿费、防止衍生灾害和隐形的社会效益等。B_2 根据不同重要性负荷的不同影响来进行估算。

$$B_2 = a_1 B_{12} + a_2 B_{13} \qquad\qquad 4.19$$

式中，a_1 为重要负荷和电源的保障系数；a_2 为一般负荷和电源的保障系数。

（3）设备级经济性评估模型

设定自然灾害发生在寿命周期内的第 $k(k=1,2,\cdots,N)$ 年，N 为单个设备的研究周期，考虑资金的时间价值，将差异化成本和效益均折算至灾害发生年进行比较。对单个设备 α，在全寿命周期内的第 k 年，其差异化累计成本和差异化效益由式 4.20 和式 4.21 表示。

$$F(\alpha,k) = C_{I\alpha}(1+i)^k + (C_O + C_M)_\alpha \frac{(1+i)^k - 1}{i} + \begin{cases} 0, & k=1,2,\cdots,N-1 \\ C_{D\alpha}, & k=N \end{cases} \qquad 4.20$$

$$D_B(\alpha) = (B_1 + B_2)_\alpha \qquad\qquad 4.21$$

式中，$F(\alpha,k)$ 表示单设备 α 在第 k 年的差异化累计成本；等式右边第 1 项和第 2 项分别为设备 α 的差异化投资成本和运行维护成本折算至第 k 年的值，报废成本则只在全寿命周期末存在；$D_B(\alpha)$ 表示由差异化设备 α 所带来的直接和间接效益；i 为年利率。

（4）系统级经济性评估模型

对多个设备进行差异化规划时，需要考虑以下两种情况：①不同设备的使用寿命周期不同；②不同设备差异化建设投运时间不同。

对此，假设差异化设计后的设备 1 最先投运，其使用寿命周期为 N_1，Δt_1 为设备 1 相对于自身的投运时间差，显然 $\Delta t_1 = 0$，其他设备相对于设备 1 的投运时间差分别为 Δt_2，$\Delta t_3,\cdots,\Delta t_m$，使用寿命周期分别为 $N_2,N_3,\cdots,N_m$，则最终研究寿命周期确定方式如下：

$$N = \max\{\Delta t_1 + N_1, \Delta t_2 + N_2, \cdots, \Delta t_m + N_m\} \qquad 4.22$$

以这种方式，在确定的研究时间周期内，投运时间短且自身使用寿命周期也短的设备要进行更换。从系统的角度考虑，在研究时间周期的第 k 年，设 m_1 个投运设备还未达到自身使用寿命周期，用集合 A 表示，即 $A = \{\alpha_1, \alpha_2, \cdots, \alpha_{m_1}\}$；同时有 m_2 个投运设备需要进行更换，用集合 B 表示，即 $B = \{\beta_1, \beta_2, \cdots, \beta_{m_2}\}$，在单个设备累计成本函数 F 的基础上，考虑资金的时间价值，得到所有差异化设备在研究寿命周期的第 k 年的累计成本函数以及相应的差异化效益为：

$$F_\Sigma = \sum_{\Omega_1 \in A} F(\Omega_1, k - \Delta t_{\Omega_1}) + \sum_{\Omega_2 \in B} F(\Omega_2, N_{\Omega_2})(1+i)^{k-(N_{\Omega_2}+\Delta t_{\Omega_2})}$$
$$+ \sum_{\Omega_2 \in B} F[\Omega_2, k - (N_{\Omega_2} + \Delta t_{\Omega_2})] \qquad 4.23$$

$$D_{B\Sigma} = (B_1 + B_2)_\Sigma \qquad\qquad 4.24$$

式中，F_Σ 表示系统级累计成本函数；等式右边第 1 项表示已投运但未达到自身使用寿命的设备累计成本和，第 2、3 项表示进行设备更换的累计成本和；Ω_1 为已投运但无须更换的设备；Δt_{Ω_1} 表示相应的投运时间差；Ω_2 表示需要进行更换的设备；N_{Ω_2} 和 Δt_{Ω_2} 分别表示相应的使用寿命周期和投运时间差；$D_{B\Sigma}$ 表示多设备差异化设计带来的直接和间接效益总和。

(5)差异化规划经济性评估指标

基于差异化成本和差异化效益以及经济性评估模型,用研究寿命周期内的总累计加强成本 F_N、期望净收益 $E(W)$ 和收益成本比 I_R 来衡量差异化规划方案的经济性。其中,F_N 反映规划方案可能需要的总资本投入;$E(W)$ 用于衡量差异化规划方案能否回收成本;I_R 则反映单位投资所能带来的净收益。

$$E(W) = p\sum_{k=1}^{N}W_k(1+i)^{N-k} = p\sum_{k=1}^{N}(D_{Bk}-F_k)(1+i)^{N-k} \qquad 4.25$$

$$I_R = \frac{E(W)}{F_N} \qquad 4.26$$

式中,k 为自然灾害发生的年份;N 为研究寿命周期;p 为自然灾害年均发生概率;W_k 为年可能收益,考虑资金的时间价值,将其折算至研究寿命周期末后累加。

4.4 面向全寿命周期的安全效能成本

基于全寿命周期成本的电网规划方案评估方法,以全寿命周期成本最小为优化目标,通常难以综合体现电网规划方案的安全和效能水平。[4,5]

为统筹电网安全(Safety,S)、效能(Efficiency,E)、周期成本(Cost,C)三者之间的关系,优化资源配置,提高电网管理水平和运行效益,国家电网公司提出了基于安全效能成本(Safety Efficiency Cost,SEC)指标的管理理念。SEC 表示在安全、效能水平相当的情况下,单位容量资产每单位有效利用时间对应的总成本,该指标常用单位是元/kVA。

(1)电网全寿命周期安全指标

安全指标(S)定义为电网的年平均非人为因素事故次数,并以电网切负荷规模作为依据,划分为电网年平均一般事故次数 S_1、较大事故次数 S_2、重大事故次数 S_3 以及特大事故次数 S_4,计算模型如下:

$$S_k = \frac{1}{N}\sum_{t=1}^{N}F(X_{kt})\,(k=1,2,3,4) \qquad 4.27$$

$$X_{kt} = \{x \mid L_{kmin}(x) \leqslant L_{LOSS}(x) < L_{kmax}(x), x \in X_t\} \qquad 4.28$$

$$F(X_{kt}) = \sum_{x\in X_{kt}}P(x)\sum_{y\notin X_{kt},y\in X_t}\lambda_{xy} \qquad 4.29$$

式中,N 为全寿命周期评估年限;X_t 为评估第 t 年电网状态集合;X_{kt} 为评估第 t 年第 k 种事故下的电网状态集合;$F(X_{kt})$ 表示电网状态 X_{kt} 出现的频率;$L_{LOSS}(x)$ 为电网在状态 x 下的切负荷量;$L_{kmax}(x)$ 和 $L_{kmin}(x)$ 分别为电网状态 x 下第 k 种事故对应的电网切负荷上、下限;$P(x)$ 为电网状态 x 出现的概率,通常为相应电网设备及负荷状态概率的乘积;λ_{xy} 为电网状态 x 到状态 y 的转移率,通常为设备的故障率、修复率或电网负荷不同状态间的转移率等。

计算得到 S_k 后,可进一步计算得到电网的全寿命周期安全指标因子 f_S,如式 4.30 和式 4.31 所示。

$$f_S = f_{S1} \times f_{S2} \times f_{S3} \times f_{S4} \qquad \text{4.30}$$

$$f_{Sk} = 1 + \frac{2^{S_k}}{K_{Sk}} \ (k = 1,2,3,4) \qquad \text{4.31}$$

式中，f_{Sk} 为 S_k 指标安全因子；K_{Sk} 为 S_k 的调整系数，事故严重程度越小，调整系数越大。

（2）电网全寿命周期效能指标

效能指标（E）包括电网可靠性 E_1、电压合格率 E_2、频率合格率 E_3、资产等效利用率 E_4 和电网输电能力 E_5。

①电网可靠率

为综合反映评估年限内电网可靠供电的能力，定义电网全寿命周期可靠率 E_1 为电网的年平均可靠率，计算如式 4.32 至式 4.34 所示。

$$E_1 = 1 - \frac{1}{N} \sum_{t=1}^{N} \sum_{x \in X_{Ct}} P(x) \qquad \text{4.32}$$

$$X_{Ct} = \{x \mid L_{LOSS}(x) > 0, x \in X_t\} \qquad \text{4.33}$$

$$f_{E1} = \frac{K_{E1} - \ln(100 - 100 \times E_{1S})}{K_{E1} - \ln(100 - 100 \times E_1)} \qquad \text{4.34}$$

式中，X_{Ct} 为评估期第 t 年电网发生切负荷的状态集合；K_{E1} 为 E_1 的调整系数；E_{1S} 为 E_1 的考核值；f_{E1} 为 E_1 指标因子，当 $E_1 < E_{1S}$（不满足考核要求）时，$f_{E1} > 1$，且 E_1 越小，f_{E1} 越大，反之，当 $E_1 \geqslant E_{1S}$（满足考核要求）时，$f_{E1} \leqslant 1$，且 E_1 越大，f_{E1} 越小。

②电压及频率合格率

为综合反映评估年限内电网供电电压的合格水平，定义电网全寿命周期电压合格率 E_2 为电网的年平均电压合格率。受电网中各种不确定性因素的影响，电网电压波动频繁，而电网电压短时的偏移即可对电网中的电压敏感负荷造成较大的影响，为切实反映电网电压的波动情况，基于概率潮流的解析计算模型如式 4.35 至式 4.37 所示。

$$E_2 = 1 - \frac{1}{N} \sum_{t=1}^{N} \sum_{i=1}^{D_{Vt}} w_i P(X_{Vit}), \sum_{i=1}^{D_{Vt}} w_i = 1 \qquad \text{4.35}$$

$$X_{Vit} = \{x \mid U_i(x) > U_{maxi} \mid\mid U_i(x) < U_{mini}, x \in X_t\} \qquad \text{4.36}$$

$$f_{E2} = \frac{K_{E2} - \ln(100 - 100 \times E_{2S})}{K_{E2} - \ln(100 - 100 \times E_2)} \qquad \text{4.37}$$

式中，U_i 为电网状态 x 下节点 i 的电压；U_{maxi} 和 U_{mini} 分别为节点 i 合格电压上、下限；D_{Vt} 为评估期第 t 年电网中计及电压合格率的节点数；w_i 为节点 i 的权重；X_{Vit} 为评估期第 t 年节点 i 发生电压越限的电网状态集合；与 f_{E1} 类似，f_{E2} 为 E_2 指标因子；K_{E2} 为 E_2 的调整系数，E_{2S} 为 E_2 的考核值。

在进行电网规划方案比选时，可认为电网频率始终合格，取 $E_3 = 100\%$，取 E_3 指标因子 $f_{E3} = 1$。

③资产等效利用率

电网资产全寿命周期等效利用率 E_4 是指电网设备的年平均等效满负荷运行率。对于断路器、隔离开关等控制保护类设备，其等效利用率取各自设备的可利用率；对输电线路和变压器等输电类设备，概率潮流法是计算其等效利用率的一种简便有效的方法，相应解析计算模型如式 4.38 和式 4.39 所示。

$$E_{4j} = \frac{\sum\limits_{t=1}^{N} S_{jN} E_{4jt}}{\sum\limits_{t=1}^{N} S_{jN}} \qquad 4.38$$

$$E_{4jt} = \frac{\sum\limits_{x \in X_t} P(x) \mid S_j(x) \mid}{S_{jN}} \qquad 4.39$$

式中,$S_j(x)$ 为电网状态 x 下设备 j 的传输容量。

对于输电线路 l,因其可拆分为任意多段子线路的串联,而拆分方法的不同可能导致最终电网 SEC 的评估结果不同,为保证分析的有效性和统一性,输电线路 l 的额定容量应为折算额定容量,如式 4.40 所示。因此,电网在进行装填状态 x 下,其相应的传输容量 $S_l(x)$ 应为折算后的容量,如式 4.41 所示。

$$S_{lN} = \frac{L_l C_{lle}}{C_{TM}} \qquad 4.40$$

$$S_l(x) = \frac{S_{l0}(x)}{S_{lN0}} S_{lN} \qquad 4.41$$

式中,L_l 为输电线路 l 的长度;C_{lle} 为线路 l 单位长度造价;C_{TM} 为电网的主变单位容量造价;$S_{l0}(x)$ 为电网状态 x 下线路 l 的实际传输容量;S_{lN0} 为线路 l 的实际额定容量。

④电网输电能力

电网输电能力(Total Transfer Capacity,TTC)是指相应状态的电网在满足一定约束条件的情况下,从电源点(如发电机节点)到负荷点之间能够传输的最大总功率。电网输电能力可以综合反映电网结构的优劣及设备的效能,反映电网的供电充裕度和负荷增长空间,即增供电量的能力。在电网可靠性及安全性水平相同的条件下,电网输电能力越强,则说明电网结构越合理、设备效能越优。实际电网中,现存交易(已有负荷)与输电能力裕度(超过现存交易的输电能力部分)是密不可分的,基于最优潮流法的输电能力计算如式 4.42 至式 4.44 所示。

$$\min \sum_{d=1}^{D_L} W_d P_{LOSSd}(x) = \sum_{d=1}^{D_L} B_d P_{Md}(x) \qquad 4.42$$

$$\boldsymbol{P}_L(x) = \boldsymbol{P}_{L0}(x) + \boldsymbol{P}_M(x) - \boldsymbol{P}_{LOSS}(x) \qquad 4.43$$

$$P_{TTC}(x) = \sum_{d=1}^{D_L} [P_{L0d}(x) + P_{Md}(x) - P_{LOSSd}(x)] \qquad 4.44$$

式中,W_d 为电网负荷点 d 的单位缺电成本,可取为常数;P_{LOSSd}、P_{L0d} 和 P_{Ld} 分别为电网状态 x 下负荷点 d 的切负荷量、原始负荷和实际负荷;$\boldsymbol{P}_{LOSS}$、$\boldsymbol{P}_{L0}$ 和 $\boldsymbol{P}_L$ 分别为对应的向量;P_{Md} 为电网状态 x 下负荷点 d 的输电能力裕度,$\boldsymbol{P}_M$ 为对应的向量;B_d 为负荷点 d 的容量裕度系数,一般情况下 $W_d > B_d (d = 1, 2, \cdots, D_L)$;$P_{TTC}(x)$ 为电网状态 x 下电网的 TTC。

为综合反映规划期内电网的输电能力水平,定义电网全寿命周期输电能力 E_5 为电网的年平均输电能力,如式 4.45 所示。

$$E_5 = \frac{1}{N} \sum_{t=1}^{N} \sum_{x \in X_t} P_{TTC}(x) P(x) \qquad 4.45$$

与可靠率、电压合格率不同,通常难以确定 E_5 的考核值,故 f_{E5} 计算如式 4.46 所示。

$$f_{E5} = 1 - k_{E5}\frac{E_5 - E_{5min}}{E_{5min}}, f_{E5} \in [0,1] \qquad 4.46$$

式中,E_{5min} 为待选方案中电网全寿命周期输电能力最小的方案对应的 E_5 取值;k_{E5} 为输电能力因子系数,根据规划要求确定;$f_{E5} \in [0,1]$ 表示 f_{E5} 取值应在 0 到 1 之间,若计算结果越限,则取相应限值。

得到效能指标(E)因子 f_E 为:

$$f_E = f_{E1} \times f_{E2} \times f_{E3} \times f_{E5} \qquad 4.47$$

(3)电网全寿命周期成本指标

在基于全寿命周期 SEC 的电网规划方案比选中,单台设备 j 的 LCC 等年值 C_j 如式 4.48 所示。

$$C_j = C_{j1} + C_{j2} + C_{j3} + C_{j4} + C_{j5} \qquad 4.48$$

式中,C_{j1} 为设备 j 的投资成本等年值;C_{j2} 为设备 j 的运行维护成本等年值,其包括维护成本 C_{j21} 和运行损耗成本 C_{j22};C_{j3} 为设备 j 的检修成本等年值;C_{j4} 为设备 j 的故障处置成本等年值,包括故障处理成本 C_{j41} 和故障损失成本 C_{j42};C_{j5} 为设备 j 的报废处置成本等年值。

(4)SEC 评估模型

$$F_{SEC} = F_{SEC\_w} \times f_s \times f_E \qquad 4.49$$

$$F_{SEC\_w} = \frac{F_{LCC\_w}}{\sum_{j \in J} E_{4j}S_{jN}}, F_{LCC\_w} = \sum_{j \in J} C_j \qquad 4.50$$

式中,F_{SEC} 为电网的全寿命周期 SEC 指标;F_{SEC_w} 为电网的单位容量资产每单位有效利用时间对应的总成本;S_{jN} 为设备 j 的(折算)额定容量;J 为电网方案评估中涉及的所有设备的集合;E_{4j} 为设备 j 的全寿命周期等效利用率;C_j 为设备 j 的 LCC 等年值;F_{LCC_w} 为电网的 LCC 等年值;f_s 为电网的全寿命周期安全指标因子;f_E 为电网的全寿命周期效能指标因子。

4.5　全寿命周期成本计算的应用

4.5.1　变压器寿命综合评估

电力变压器是变电站的重要设备,合理评估电力变压器运行寿命对指导变电站设备改造、保障电网经济安全运行具有重要意义。电力变压器的寿命通常从物理寿命和经济寿命两个方面进行描述。[6,7]物理寿命是指设备从全新投入运行到因性能老化而无法继续使用所经历的时间,是由变压器构件的物理性能决定的。变压器经济寿命主要体现在各项经济指标上,当运行成本出现拐点时,即认为达到了经济寿命。电力变压器运行到一定年限后,随着老化程度的加重,其维护成本会显著提高,经济指标开始下降。电力变压器经济寿命和物理寿命并不一致,依据物理寿命进行电力变压器更换也未必符合经济性。尤其是当有多台变压器面临改造,各变压器的经济寿命、物理寿命、投运时间以及全寿命成本增量梯度等多个参量处于不同状况时,如何决策各变压器的改造顺序和时间,是一个复杂的挑战。随着电网规划、设备管理的信息化,主观性的评价手段不再适用,需要综合考虑物理寿命和经济寿命,来确定变压器的最佳更换周期。

4.5.1.1 变压器更换考虑的影响因素

变压器由于技术进步所带来的节能经济效益和变压器本身投资费用相比占比小,故电力企业更换老旧变压器的意愿并不是很强烈。但事实上,用新型节能变压器替换高耗能变压器带来的经济效益是多方面的,如功率损耗的减少、维护成本的下降及因停电次数减少而形成的风险收益等。总体来看,变压器更换决策时需考虑如下影响因素。

(1)可靠性。对于大部分没有备用电源的负荷而言,变压器的故障将不可避免地导致一定的负荷损失。为避免该情况的出现,通常的做法是对变压器开展定期检修,或者当变压器可靠性低于一定水平时进行更换。

(2)损耗。随着当今变压器技术的不断进步,新型变压器的功率损耗逐年降低。因此,对部分仍然可以正常运行的老旧变压器进行更换,用效率更高的新型变压器进行替换,可在一定程度上提升系统运行的经济性。

(3)负荷变化。随着负荷的快速增长,老旧变压器常常会面临过负荷的风险,此时无论是变压器的损耗还是其运行可靠性都会在一定程度上受到影响。尽管此时可通过增加并联变压器的方式进行解决,然而并联变压器运行的损耗无疑会大于更换一个更大容量变压器的损耗。

(4)电压变化。数据表明,当变压器绕组两端电压增大 10% 时,变压器将由于过励磁现象会导致空载损耗增大 25%~60%。因此,开展合理的变压器更新换代,对变压器的降损具有重要意义。

(5)环保与防火。变压器随着空载损耗的增加,噪声会不断增大,甚至超出 JB/T 10088—2004 规定的国际标准,同时老旧变压器多基于多氯化联苯基 PCB (Polychlorinated Biphenyl)进行绝缘,会带来一定的环境污染。在特殊要求"防火、防爆"的应用场所,采用干式变压器替换油式变压器也是变压器更换需要考虑的重要因素。

综上所述,一台在役的老旧变压器是否需要进行更换,受多个复杂因素的影响。在实际生产过程中,迫切需要一种辅助决策方法来进行综合统筹考虑。

4.5.1.2 电力变压器经济—物理综合寿命评估

(1)电力变压器经济寿命评估

按照全寿命周期理论,电力变压器的全寿命周期成本包括初次投资成本、运行维护成本、停电损失成本和处置成本四部分,可表示为:

$$C = A_c + S_c + C_f + C_d \qquad 4.51$$

式中，C 为电力变压器全寿命周期成本；A_c 为初次投资成本；S_c 为运行维护成本；C_f 为停电损失成本；C_d 为处置成本。电力变压器全寿命周期成本组成如图 4.2 所示。

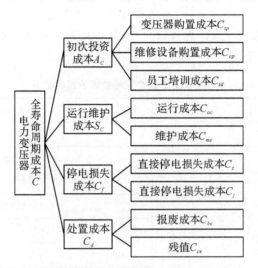

图 4.2　电力变压器全寿命周期成本组成

电力变压器全寿命周期成本各分量随时间变化，在全寿命周期成本模型的基础上，下面给出电力变压器经济寿命的评估方法。电力变压器全寿命周期成本 C 及其各组成部分随时间变化的曲线如图 4.3 所示。初次投资成本 A_c 与处置成本 C_d 之和折现值随电力变压器运行时间的增加而逐年减少；电力变压器运行维护与停电损失成本前期较少，但随着电力变压器的老化和部件缺陷风险的增加，该成本随时间呈上升趋势，是时间的非线性增函数。

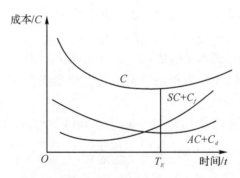

图 4.3　电力变压器全寿命周期成本曲线

由式 4.51 可知，全寿命周期成本 C 以一个凹陷的曲线变化，在 T_E 时存在一个拐点，使 C 达到最小，此时电力变压器取得最优的经济效益，T_E 即为变压器的经济寿命。如果在 T_E 时间后电力变压器继续使用，随着运行时间的增加，C 会增大，电力变压器使用的经济性会越来越差。

（2）电力变压器物理寿命评估

电力变压器物理寿命是指设备从投运开始到无法继续使用而必须报废所经历的时间。随着电力变压器的长期运行，变压器本体的油纸绝缘材料受热会逐渐老化。电力变压器的主绝缘老化程度和绝缘运行状态是影响电力变压器物理寿命的主要因素。电力变压器部件的缺陷风险会影响电力变压器运行的可靠性,因此这些因素也应包含在电力变压器物理寿命评价中。据上所述,本节建立了电力变压器物理寿命评价指标体系,将电力变压器健康水平指数 χ_{HI} 作为评价目标,评价体系中一级指标和二级指标如表 4.1 所示。

表 4.1 变压器物理寿命评价指标体系

一级指标	二级指标
主绝缘老化 χ_{HI1}	—
绝缘运行状态 χ_{HI2}	糠醛 χ_{HI21}
	绝缘纸聚合度 χ_{HI22}
	油色谱 χ_{HI23}
	油质试验 χ_{HI24}
	例行试验 χ_{HI25}
	诊断性试验 χ_{HI26}
部件缺陷风险 χ_{HI3}	本体 χ_{HI31}
	冷却系统 χ_{HI32}
	分接开关 χ_{HI33}
	非电量保护装置 χ_{HI34}
	套管 χ_{HI35}

在当前工作状况下,电力变压器健康水平指数为:

$$\chi_{HI} = \alpha\chi_{HI1} + \beta\chi_{HI2} + \gamma\chi_{HI3} \tag{4.52}$$

式中, χ_{HI} 为电力变压器健康水平指数; α 、β 、γ 为权重。

根据电力变压器健康水平指数估计出电力变压器在当前工作状况下的物理寿命 T_P ,其计算式为:

$$T_P = T + [\ln(1 - \chi_{HI_f}) - \ln(1 - \chi_{HI})]/B \tag{4.53}$$

$$B = \frac{B_0 L}{L - F_A T} \tag{4.54}$$

式中, χ_{HI_f} 为电力变压器退出运行时的健康指数; B 为变压器退出运行时的老化系数; L 为变压器正常运行寿命的统计值,按 18000h 计算; F_A 为等效加速老化因子,取 $F_A = 0.002073$; T 为电力变压器运行时间。

(3)综合寿命评估

电力变压器的物理寿命是一种刚性指标,只要到达物理寿命就不能继续使用;而经济寿命是一种弹性指标,变压器超过经济寿命依然可以使用,是否需要更换取决于可用资金等外部条件。变压器超过经济寿命的年限越多,全寿命周期成本的增量越大,则变压器需要更换的紧迫性就越强。本节将经济寿命以惩罚系数形式作用到物理寿命中,形成经济—物理综合寿命评估方法。

经济寿命惩罚系数定义为：

$$F = \begin{cases} 1 & (T \leqslant T_E) \\ \dfrac{T_P - T}{T_P - T_E} \cdot \dfrac{C_P - C}{C_P - C_E} & (T_E < T < T_P) \end{cases} \qquad 4.55$$

式中，F 为惩罚系数；C_P 和 C_E 分别为物理寿命 T_P 和经济寿命 T_E 对应的全寿命周期成本；C 为当前年份 T 对应的全寿命周期成本。

定义电力变压器综合寿命为：

$$T_S = FT_P \qquad 4.56$$

式中，T_S 为综合寿命。

由式 4.55 和式 4.56 可知，当 $T \leqslant T_E$ 时，电力变压器未达到经济寿命，惩罚系数 $F = 1$，综合寿命等于物理寿命；当运行年限超过经济寿命时，即 $T_E < T < T_P$ 时，惩罚系数 $F < 1$，综合寿命受到惩罚而小于物理寿命；随着运行年限 T 的增加，惩罚系数 F 越来越小并趋于 0，从而对综合寿命的惩罚力度加大。

在上述分析的基础上，定义电力变压器改造的紧迫度为：

$$U_r = 1/(T_S - T) \qquad 4.57$$

式中，U_r 为紧迫度，紧迫度越大，意味着该变压器需要改造的紧迫性越强。因而，可依据紧迫度指标可以对变压器的改造次序进行排队。

4.5.2　用户侧储能优化配置

近年来，电网中尖峰负荷频率不断增加，用户负荷峰谷差增大，造成用电高峰时段电力系统供需不平衡，威胁电网安全稳定运行。电网公司为解决上述问题，加大了输配电设备的投入，但此举使得电网设备综合利用率有所下降。鉴于储能技术具有灵活的双向调节功率的能力，可以实现电能的时空平移，故具有应用于解决电力供需不平衡的潜力。储能技术目前广泛运用在电力系统分布式电源侧、电网侧和用户侧，随着储能技术的成熟和成本的逐步下降，用户侧储能商业化发展得到广泛的关注。

目前，储能技术主要分为机械储能、化学电池储能（Battery Energy Storage System，BESS）、电磁储能和氢储能四大类。[8] BESS 一方面具有占地面积小、安装灵活、能量密度大以及响应速度快等特点，符合用户侧储能要求，但另一方面，其投资成本高、经济效益低以及投资回收年限长等问题也在很大程度上制约了商业化发展。因此，在用户侧储能规划建设前，需要进行合理配置以获得更高的收益。

4.5.2.1　储能配置模型目标函数

用户侧 BESS 配置模型在全寿命周期内以净收益最大为目标函数，对储能配置功率和容量进行优化。BESS 全寿命周期内收益包括 BESS"低储高放"的套利收益、减少用户基本电费收益、政府电价补偿收益以及 BESS 回收利用价值，成本包括 BESS 初始投资成本和运行维护成本。具体表述为：

$$\max F = f_1 + f_2 + f_3 - C_1 - C_2 + C_3 \tag{4.58}$$

式中，F 为 BESS 全寿命周期内的净收益；f_1 为 BESS"低储高放"的套利收益；f_2 为减少用户基本电费收益；f_3 为政府电价补贴收益；C_1 为 BESS 初始投资成本；C_2 为运行维护成本；C_3 为 BESS 回收利用价值。

(1)"低储高放"套利收益

BESS 具有平移负荷，实现负荷的削峰填谷的作用。在分时电价的市场环境下，控制 BESS 在负荷低谷时进行充电，负荷高峰时进行放电，利用峰谷电价差实现套利收入。全寿命周期内的套利收益表示为：

$$f_1 = \sum_{t=1}^{T} D S_1 \left(\frac{1+t_r}{1+d_r} \right)^t \tag{4.59}$$

$$S_1 = \sum_{i=1}^{24} \left[P_{disch}(i) B_{disch}(i) - P_{ch}(i) B_{ch}(i) \right] \Delta t_i P_{rice}(i) \tag{4.60}$$

式中，$\left(\frac{1+t_r}{1+d_r} \right)^t$ 为计算复利现系数，是指未来一定时间的收益按复利计算的现在价值；S_1 为一天 24 个时段内 BESS 通过"低储高放"的套利收入(储能规模效应可能对峰谷电价差造成的影响暂不考虑)；T 为储能电池寿命；Δt_i 为 i 时段持续时间，取 1h；D 为 BESS 年运行天数；t_r 为通货膨胀率；d_r 为贴现率；$P_{rice}(i)$ 为时段 i 的电价；$P_{ch}(i)$ 和 $P_{disch}(i)$ 分别为储能在时段 i 的实际充电功率和放电功率；$B_{ch}(i)$ 和 $B_{disch}(i)$ 分别为储能在时段 i 的充电和放电状态。

(2)基本电费减少收入

对于工业用户或者大中型用户，每月应按照变压器容量或者最大需求量收取基本电费。当按照申请的变压器容量计费时，配置 BESS 可以适当减少用户申请变压器容量，从而减少用户每月需交纳的基本电费。全寿命周期内基本电费减少收益为：

$$f_2 = \sum_{t=1}^{T} Y S_2 \left(\frac{1+t_r}{1+d_r} \right)^t \tag{4.61}$$

$$S_2 = \begin{cases} P_{max} P_b \Delta t_i & (P_{max} \leqslant P_c) \\ (2P_c - P_{max}) \Delta t_i P_b & (P_{max} > P_c) \end{cases} \tag{4.62}$$

式中，S_2 为每个月 BESS 基本电费减少费用；$Y = 12$，为每年运行月数；P_b 为每月变压器基本容量电费；P_c 为将符合峰值降低到日平均功率所需的最大储能功率；P_{max} 为 BESS 额定充放电功率。

(3)政府电价补贴收益

目前储能成本相对较高，政府的产业扶持和经济补贴，对推动储能发展效果显著。BESS 全寿命周期内获得的补贴收益为：

$$f_3 = \sum_{t=1}^{T} D S_3 \left(\frac{1+t_r}{1+d_r} \right)^t \tag{4.63}$$

$$S_3 = \sum_{i=1}^{24} P_{dis}(i) B_{dis}(i) \Delta t_i P_e \tag{4.64}$$

式中，S_3 为每天 BESS 获得补贴收入；P_e 是政府补贴电价。

（4）BESS 初始投资成本

BESS 主要由电池本体、能量转换装置和电池管理系统等构成。其初始投资成本主要与储能自身额定容量和额定传输功率有关，可以表示为：

$$C_1 = \sum_{t=1}^{T} (C_p P_{max} + C_e E_{max}) \left(\frac{1+t_r}{1+d_r} \right)^t \qquad 4.65$$

式中，C_1 为 BESS 初始投资成本；C_p 和 C_e 分别为 BESS 单位充放电功率造价和单位容量造价；E_{max} 为储能额定容量。

（5）BESS 年运行维护成本

BESS 运行维护成本主要包括电池运行消耗成本和日常维护管理成本，主要与储能电池额定功率有关，全寿命周期内运行维护费用可以表示为：

$$C_2 = \sum_{t=1}^{T} C_m P_{max} \left(\frac{1+t_r}{1+d_r} \right)^t \qquad 4.66$$

式中，C_m 为 BESS 单位充放电功率年运行维护成本。

（6）回收利用价值

储能电池的回收利用价值 C_3 主要与初始安装建设成本 C_1 有关，其关系为：

$$C_3 = \gamma C_1 \qquad 4.67$$

式中，$\gamma(\%)$ 为回收系数，由市场实际情况确定。

4.5.2.2　约束条件

（1）系统功率平衡约束

$$P_{grid}(i) = P_{load}(i) + P_{ess}(i) \qquad 4.68$$

式中，$P_{grid}(i)$ 为 i 时段与电网交换功率；$P_{load}(i)$ 为 i 时段用户负荷功率；$P_{ess}(i)$ 为 i 时段储能出力功率，储能放电时为负。

（2）荷电状态（State of Charge，SOC）约束

在一个 BESS 充放电周期内，BESS 各时刻储能容量值应保持在一定的范围内，即

$$SOC_{min} \leqslant SOC(i) \leqslant SOC_{max} \qquad 4.69$$

式中，SOC_{max} 和 SOC_{min} 分别对应 BESS 可调度储能容量上、下限；$SOC(i)$ 为 i 时段 BESS 荷电状态。

（3）储能荷电状态连续性约束

$$SOC(i) = SOC(i-1) + \frac{[\eta_d P_{disch}(i) - \eta_c P_{ch}(i)]\Delta t}{E_{max}} \qquad 4.70$$

式中，η_c 与 η_d 分别对应 BESS 充放电效率。

（4）充放电状态约束

$$B_{ch}(i) + B_{disch}(i) \leqslant 1 \qquad 4.71$$

式中，$B_{ch}(i)$ 和 $B_{dis}(i)$ 为 0~1 变量，其中 1 表示充电状态，0 表示放电状态。

（5）储能充放电约束

BESS 在运行过程中应控制每次充/放电功率不超过其额定值，总的放电功率不超过储能额定容量。

$$\begin{cases} 0 \leqslant P_{disch}(i) \leqslant B_{disch}(i)P_{max} \\ 0 \leqslant P_{ch}(i) \leqslant B_{ch}(i)P_{max} \end{cases} \qquad 4.72$$

$$\sum_{i=1}^{24} P_{disch}(i)\Delta t_i \leqslant E_{max} \qquad 4.73$$

（6）储能容量和功率之间倍率约束

假设储能额定容量和额定功率之间成正比：

$$E_{max} = \beta P_{max} \qquad 4.74$$

式中，β 为能量倍率系数。

（7）削峰负荷约束

储能进行削峰后，系统等效负荷应小于削峰后的负荷峰值，即

$$P_{load}(i) + P_{ch}(i) - P_{disch}(i) \leqslant (1-\mu)P_{l,max} \qquad 4.75$$

式中，$P_{l,max}$ 为 1 天 24 个时段的负荷最大值；μ 为削峰率。

4.5.3　基于全寿命周期成本的配电网无功规划

随着经济的发展，地区工业、农业电力负荷的增加使配电网薄弱的问题愈发凸显，无功不足会引发电能质量低、设备损耗增加、老化易损等危害，甚至有可能导致电压崩溃，造成电网大面积停电。作为电力规划中重要的一环，配电网无功规划优化是一个多目标、多约束的非线性组合优化问题，通过一些数学方法确定无功补偿设备的安装位置、补偿容量，从而达到降低网损、提高电压质量的目标。[9]

4.5.3.1　配电网无功规划基本数学模型

（1）目标函数

模型以系统有功网损为基础评估指标，将节点电压越界以罚函数形式嵌入目标函数，对目标函数中各项单位统一为"1"后，目标函数可表示为：

$$\min C = \frac{\Delta P_{loss}}{P_{\sum}} + k_U \sum_{i=1}^n \left(\frac{U_i - U_{i\_set}}{U_{imax} - U_{imin}}\right)^2 \qquad 4.76$$

$$\Delta P_{loss} = \sum_{i=1}^n \sum_{i=1}^n U_i U_j (G_{ij}\cos\theta_{ij} + B_{ij}\sin\theta_{ij}) \qquad 4.77$$

$$U_{i\_set} = \begin{cases} U_{imax} & (U_i > U_{imax}) \\ U_i & (U_{imin} \leqslant U_i \leqslant U_{imax}) \\ U_{imin} & (U_i < U_{imin}) \end{cases} \qquad 4.78$$

式中，ΔP_{loss} 为系统的有功网损；$P_{\sum}$ 为所有节点的有功负荷之和；U_{i_set} 为节点 i 的设定电压；k_U 为电压越界惩罚因子，取 $k_U = 10$；U_{imax} 和 U_{imin} 分别为节点 i 设定电压的最大电压和最小电压。

（2）等式约束条件

并联无功补偿容量的确定应满足潮流方程：

$$\begin{cases} P_i = U_i \sum_{j \in i} U_j (G_{ij}\cos\theta_{ij} + B_{ij}\sin\theta_{ij}) \\ Q_i = U_i \sum_{j \in i} U_j (G_{ij}\sin\theta_{ij} - B_{ij}\cos\theta_{ij}) \end{cases} \qquad 4.79$$

式中，P_i 和 Q_i 分别为节点 i 的注入有功和无功；U_i 和 U_j 分别为节点 i 和 j 的电压；G_{ij} 和 B_{ij} 分别为节点 i 和 j 之间的电导和电纳；θ_{ij} 为节点 i 和 j 之间的电压相角差。

（3）不等式约束条件

无功优化问题中的变量有状态变量和控制变量两类，其中，节点电压 U_i 为状态变量，在目标函数中以惩罚函数的形式表达，并联无功补偿电容器 Q_c 为控制变量。控制变量的不等式约束为：

$$Q_{cimin} \leqslant Q_{ci} \leqslant Q_{cimax} \tag{4.80}$$

式中，Q_{cimax} 和 Q_{cimin} 分别为节点 i 的并联无功补偿电容器的无功出力上、下限。

4.5.3.2　配电网无功优化

基于全寿命周期成本的配电网无功优化在时间维度上影响目标函数，配电网的全寿命周期总成本可分为三个阶段：设计建设阶段、运营阶段和退役阶段，结构树状图如图 4.4 所示。

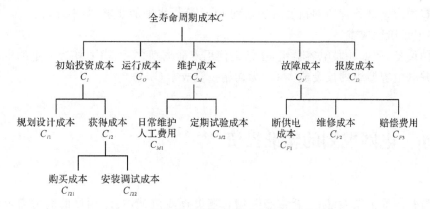

图 4.4　配电网全寿命周期成本结构树状图

全寿命周期成本基本模型可以表示为：

$$LCC = C_I + C_O + C_M + C_F + C_D \tag{4.81}$$

结合经济学常识基础，将按年度计算的运维阶段费用与退役阶段废弃处置成本折算成现值费用，配电网 LCC 模型为：

$$LCC = C_I + (C_O + C_M + C_F) \times PV_{sum} + C_D \times PV \tag{4.82}$$

$$PV_{sum} = \frac{(1+r)^n - 1}{r(1+r)^n} \tag{4.83}$$

$$PV = \frac{1}{(1+r)^n} \tag{4.84}$$

式中，PV_{sum} 为按年度投资成本现值和；PV 为折现系数；r 为折现率；n 为寿命周期。

（1）设计建设阶段成本

配电网无功补偿项目初始投资成本 C_I 可分为规划设计成本 C_{I1} 和获得成本 C_{I2}。规划设计成本 C_{I1} 是研究设计阶段的勘察设计、生产准备，这部分费用大致为 8%。获得成本 C_{I2} 即设备费用，与补偿的容量有关。所以初始投资费用可以表示为：

$$C_I = C_{ds} + \lambda_1 n + \lambda_2 \sum_{i=1}^{n} Q_{ci} \qquad 4.85$$

式中，C_{ds} 为研发阶段的设计勘测费用；λ_1 为单个设备安装费用；λ_2 为单位补偿容量的价格；Q_{ci} 为第 i 个补偿设备的设计补偿容量。

(2)运营阶段成本

项目建成后，设备的运行和维护是交替进行的，可以分为运行成本 C_O、维护成本 C_M 和故障成本 C_F。运行成本主要来源于线损的损耗成本，不同的设备耗能也有所变化。对于导线而言，损耗是由电阻损耗、电晕损耗导致的，并联电容器组正常运行情况下，有功损耗很小，高压情况下总损耗值一般为 0.08~0.18W/kvar。所以在此运行成本 C_O 可视为 0；维护成本 C_M 包括日常维护的人工费用 C_{M1} 和定期试验成本 C_{M2}，如果以无人值守每周一次巡检计算，每次每工日每人为 48 元；定期试验检测每年一次，经了解，每个并联电容器组试验检测费用为 3000 元；并联电容器组故障损失成本 C_F，主要来源于设备故障更换产生的材料更换成本以及大修费用，大修每 3~5 年进行一次，而小故障造成的材料更换费用由于财务管理的精度无法达到 LCC 分析水平的要求，暂不计入。

(3)退役阶段成本

电网设备，例如并联电容器组，在结束使用寿命周期之后，需要耗费一定的资源进行处理。并联电容器组的报废成本 C_D 为初始投资成本 C_I 的 2%。

4.6　电网规划的精准投资

随着我国经济发展进入"新常态"，增长速度逐步放慢，与之相伴的电力需求增速也有所回落，供电公司售电收入增速放缓，单纯依赖电量增长提高公司效益的发展方式难以为继。随着电力体制改革的深入推进，供电公司步入市场竞争更加激烈、投资监管更加严格的发展环境。如何科学地进行电网项目储备、统筹资金总盘、安排项目建设时序是目前亟须解决的问题。[10]

4.6.1　增量配电业务改革

随着增量配电业务的放开，社会资本不断参与增量配电网的投资、建设和运营，其投资成本和运营效率将与电网企业形成比较竞争，给电网企业的投资规模、投资安排、投资管控及投资效益均带来一定程度的影响。[11]

4.6.1.1　增量配电项目实施环节

国家能源局下发的《关于对拥有配电网运营权的售电公司颁发管理电力业务许可证(供电类)有关事项的通知》中，详细阐述了增量配电业务改革的总体战略设计、架构设计、具体流程。增量配电项目实施过程分为项目立项、项目建设及项目运营三个阶段，进而可细分为项目规划、业主确定、项目核准、项目建设、公网接入、价格核定、许可申请及配电运营八个环节。

4.6.1.2　关键环节影响分析

增量配电业务开展过程中,与电网投资密切相关的有三个关键环节——范围划分、价格核定和招投标。目前,国家增量配电业务实施管控体系尚未健全,国网企业在业务管理上仍存在诸多问题。

（1）范围划分

增量配电项目范围划分不合理,可能给电网企业带来以下影响:①电网企业经营区被蚕食,流失大量客户;②可能引发输配电分开政策风险;③电网企业资产存在流失风险。

（2）价格核定

增量配电网定价机制不明确,可能给电网企业带来以下影响:①若采取过渡时期定价机制,项目经济效益较低;②若未妥善处理交叉补贴问题,将进一步加大电网企业负担;③若核价水平较低,将与运营成本形成明显对比,可能会受到社会质疑。

（3）招投标

缺乏统一的建设标准、运营标准、收益水平,导致增量配电项目招标机制不完善,可能给电网企业带来以下影响:①部分项目直接或间接指定业主,影响电网企业公平参与竞争;②招标要求缺乏技术指标,为未来增量配电网并网工作留下了隐患;③投标者降低价格的方式不符合国家相关电价政策。

4.6.1.3　适应增量配电业务改革的"三组合"电网投资策略

（1）参与策略

①增量配电业务放开的两种方式

《关于进一步深化电力体制改革的若干意见》及相关政策文件规定,鼓励以混合所有制方式发展配电业务,配售电公司负责本区域内配电网建设运营,承担保底供电服务义务。

当前电力体制改革和国企改革交叉进行,混合所有制改革作为国企改革的重要突破口,将在电力、石油、天然气等重点领域迈出实质性步伐。在此基础上,当前增量配电业务放开可行的方式有两种:一是电网企业和其他企业成立混合所有制配售电公司,由电网企业绝对控股或相对控股;二是其他社会资本成立相对独立的配售电公司。

②增量配电网运营的两种模式

模式一:按照资产所属关系,由所有者各自运营。配售电公司收取过网费,同时按照政府核定的价格,获取保底供电服务收入。

模式二:委托电网企业运营。配售电公司将资产委托或租赁给电网企业。委托运营是指配售电公司收取过网费,获取保底供电服务收入,支付电网企业运营费。租赁运营是指配售电公司收取租赁费,电网企业收取过网费,获取保底供电服务收入,支付租赁费。

（2）投资策略

①构建增量配电项目价值评价指标

通过设计定量指标与定性指标相结合的方式建立增量配电项目价值评价指标体系。

其中,定量指标有项目投资额、投资效益、投资回收期、单位面积负荷水平、单位面积电量水平等;定性指标为项目内部存量资产产权所属,若增量配电试点项目中含有电网企业的存量资产,此种情况下,电网企业必须参与投资。

②价值评估指标赋权

增量配电项目价值评价指标赋权可以采用主观赋权评价法。主观赋权评价法是采用定性的方式由专家根据经验进行主观判断而得到权数。其优点是能根据决策者的经验和知识,对评价指标内涵与外延做出较为准确的判断,反映了决策者的意向;缺点是受评价专家的专业认知、主观感受影响较大。

（3）竞争策略

电网企业参与增量配电投资业务,面临激烈的市场竞争,要进一步挖掘和发挥优势,弥补劣势,培养和建立核心竞争能力,并实施有效的竞争策略。对此,建议采取"1＋4"竞争策略,即转变1个理念,实施4个重点策略。

1个理念是指服务理念,要强化服务理念,建立市场竞争意识。配电网管理处于电网业务管理链条的末端,是客户服务的窗口,配电网服务直接影响国网企业供电服务绩效和标尺竞争效果。4个重点策略指服务策略、管理策略、价格策略和公关策略。

4.6.2　输配电价改革

4.6.2.1　对电网投资的影响分析

随着输配电价改革的推进,电网企业盈利模式已发生较大的变化,原有购销价差乘以售电量的收入模式,转变为输配电准许总收入核定模式;价格监管方式也由"先投资,再核价"的事后监管,变为"先核价,再投资"的事前监管,这强化了对电网企业的投资及成本约束,促使电网企业加强资产管理,降低成本,提高效益和效率。输配电价改革对电网发展管理模式的影响主要体现在电网规划、投资安排和投资管控三个方面。[12]

（1）对电网规划的影响

输配电价核算中,准许收益与电网可计提收益的有效资产直接相关,而有效资产由电网企业具体资产规模按照一定的固定资产形成率确定,具体比例则由政府价格主管部门核定,有效资产核定权的变化,导致电网企业电网发展的规划目标和约束条件发生了较大变化。在新的输配电价定价机制下,电网规划既要满足基本的供电需求,也要进一步提高经济性。

（2）对投资安排的影响

在新的输配电价机制下,电网投资纳入电价受政府监管,新增投资能否形成有效资产将是电网企业未来考虑投资的关键因素。电网企业在投资时,优先满足主营业务的发展,在此基础上,侧重于能够形成有效资产的电网投资;同时需考虑政府相关监督考核标准,在总投资规模核定的情况下,尽可能优先安排解决存量问题类项目、满足电力先行要求的项目及承担社会责任类的项目。

(3)对投资管控的影响

在新的输配电价机制下,电网企业的投资规模可能呈逐步降低的趋势。电网资产利用效率与输配电价定价要求还有一定的差距,这也将影响电网企业经营效益的实现。电网企业要想实现良好的经营效益,就必须分析现有资产规模和成本水平,在政府核定的准许收入以内,统筹考虑电网的发展水平和需求,兼顾电网企业自身的能力和可持续发展需求,加强投资管控,注重效率和效益,逐步转变电网投资方式。

4.6.2.2　适应输配电价改革的"三优"电网精准投资策略

(1)优化规划思路

规划思路可以从以下几个方面进行优化:转变完善组合工作体制,协同做好规划工作;引导政府机构科学监管,最大限度地取得批复认可;注重电网规划风险评估,加强规划执行管控。

(2)优化投资决策

投资决策可以从以下几个方面进行优化:多维优化电网投资结构,满足核价参数要求;科学安排投资项目时序,促进电网有效投资。

(3)优化投资管控

投资管控可以从以下几个方面进行优化:统筹优化投资管控流程,快速响应市场化业务;切实加强投资评价考核,常态化保障投资效果。

4.6.3　配电网精准投资策略

配电网精准投资策略包括建立项目投资前评估模型和投资后评估模型两个部分,具体见图4.5。[13]

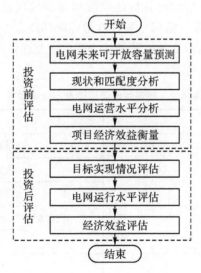

图 4.5　配电网精准投资策略

(1)预测电网未来可开放容量

电网未来可开放容量的预测是评估项目可行性的基础,不仅能够预测项目投资的合理性,还能反映电网的供电能力。若项目实施后未来可开放容量大于 0,则项目可投资;反之,项目应停止投资。

电网中线路未来可开放容量由线路限定容量与线路最大负荷共同决定,未来可开放容量以 H 表示,其计算公式为:

$$H = B \times 80\% - \max I_{mon} \tag{4.86}$$

式中,B 为投资后线路容量;I_{mon} 为每月线路负荷。

(2)现状和匹配度分析

对反映电网运行水平、转供能力、电网结构、设备水平及供电质量的指标进行现状分析,找出薄弱点。采用计算项目有效投资率与重复投资率的方法,填补以往配电网项目投资效益预评估的空白,减少"拍脑袋决策"现象的发生。

有效投资率以 T 表示,针对单体项目,其计算公式为:

$$T = C \times \frac{k_1}{k_2} \times 100\% \tag{4.87}$$

式中,$C = \{0,1\}$,取 1 表示未来可开放容量大于 0,取 0 表示未来可开放容量小于等于 0;k_1 为项目可改善的薄弱指标数;k_2 为薄弱指标总数。

若项目建设目标与出资按薄弱环节的指标不匹配,则项目有效投资率未达到 100%,转而计算项目重复投资率,项目重复投资率用 O 表示,计算公式为:

$$O = \frac{l}{n} \times 100\% \tag{4.88}$$

式中,l 为与薄弱环节不匹配的项目建设目标数;n 为项目目标总数。

(3)项目建设前电网运营水平评估

电网运营水平评估主要是比较分析建设前和建设后预计的运行水平、转供能力、电网结构、设备水平和供电质量。运营水平评价指标应体现整个电网建设项目及其涉及的影响范围,同时设置考察重点,具备较强的目的性和针对性。根据上述需求,预评估电网运营水平指标体系如表 4.2 所示。

表 4.2 预评估电网运营水平指标体系

一级指标	二级指标
运行水平	重过载线路比重
	重过载配电比率
	线路装接配电容量
	装接配变容量大于 12MVA 线路比率
	配变平均负载率
转供能力	线路"$N-1$"通过率
	变电站全停校验通过率

续　表

一级指标	二级指标
电网结构	10kV 出线间隔利用率
	10kV 供电半径大于 3km 线路比率
	10kV 典型接线率
设备水平	线路电缆化率
	配电自动化覆盖率
供电质量	电压合格率
	供电可靠性

在各指标权重的确定上,可采取的方法有熵权法[13]、专家打分法[14]、层次分析法[10]、物元分析法[9]等。

(4)项目建设前经济效益评估

经济效益主要体现为年预期收益率,年预期收益率为项目预期年收益与项目投资金额之比。配电网项目的预期投资收益主要体现在两个方面:一是通过提高电网的供电能力增加供电收益;二是通过优化电网结构降低线损,以减少供电成本。经济效益评估依据如表 4.3 所示。

表 4.3　年收益率考核指标

评估目标	考核指标
年收益率	年增供电量收益
	年降损电量收益
	项目投入金额

计算公式为:

$$R = \frac{M_1 + M_2}{c} \times 100\% \qquad 4.89$$

式中,M_1 为评估期内增售电量收益;M_2 为评估期内降损电量收益;c 为项目投入金额。

(5)目标实现情况评估

对电网建设项目各个目标的实现程度进行分析,同预评估数据比对,审查工程建设目标、宏观目标等的实现情况,总结未实现或实现程度较低的原因。项目目标实现情况评估公式为:

$$Z = \frac{m}{k_2} \times 100\% \qquad 4.90$$

式中,m 为项目实际达成的目标数。

(6)项目建设后电网运营水平评估

电网建设项目后评估的指标体系内容和指标权重与项目前评估保持一致,收集项目建设前后各一时间段内的指标数据,计算项目建设后的指标变化情况,并以相应的权重进行加权平均处理,计算结果反映了项目实施前后运行水平的改善程度。

(7)项目建设后经济效益评估

按照资源合理配置的原则,从整体、长远、客观的角度分析和评价电力投资项目的经济性和合理性,使公司利益、地区利益和社会利益实现有机结合与平衡,是配电网项目投资效益分析和评价的意义所在。

评价配电网投资项目的经济效益需要分析和论证经济指标,将项目建成后实际的增供电量收益和降损收益同投资成本做比较,以此得到合理的评价结果。

参考文献

[1] 单霏霏,张纳川.基于全寿命周期的电网规划方案成本分析[J].电力与能源,2016(2):177-179.

[2] 苏卫华,管俊,杨熠娟,等.全寿命周期成本电网规划的灵敏度分析模型[J].中国电力,2014(11):127-133.

[3] 宋春丽,刘涤尘,吴军,等.基于差异化全寿命周期成本的电网规划经济性评估方法[J].电网技术,2013(7):1849-1855.

[4] 祝锦舟,张焰,梁文举,等.面向规划的电网全寿命周期安全效能成本评估方法[J].中国电机工程学报,2017(23):6768-6779,7068.

[5] 鄢晶,杨东俊,郑旭,等.基于模糊化 SEC 综合指标体系的电网规划经济性评估方法[J].电网与清洁能源,2017(11):51-58.

[6] 王文宾,白文广,石磊磊,等.电力变压器全寿命周期经济——物理综合寿命评估方法[J].电力系统保护与控制,2019(4):91-98.

[7] 梁刚,李盛伟,郭铁军,等.基于全寿命周期等年值成本的变压器更换辅助决策方法[J].电力系统及其自动化学报,2017(6):130-134.

[8] 郭久亿,刘洋,郭焱林,等.不同典型用户侧储能配置评估与运行优化模型[J].电力工业,2020(11):4245-4253.

[9] 徐玉琴,刘杨,谢庆.基于全寿命周期成本的配电网无功规划研究[J].电力系统保护与控制,2018(11):30-36.

[10] 董文杰,田廓.增量配电业务改革条件下的电网精准投资策略[J].智慧电力,2018(12):75-81.

[11] 田廓,王蔚.输配电价改革条件下的电网精准投资策略[J].智慧电力,2018(10):103-108,113.

[12] 黄宏和,吴臻,琚军,等.基于数据挖掘技术的配电网精准投资策略研究[J].浙江电力,2019(3):92-97.

[13] 张全,代贤忠,韩新阳,等.基于全生命周期投入产出效益的电网规划精准投资方法[J].中国电力,2018(10):171-177.

[14] 陈志梅,姚劲松,顾建明,等.电网精准投资决策建模研究[J].经济研究导刊,2018(35):17-20.

第5章 电网设施的设计规模标准化

5.1 电网设施设计规模标准化的意义

电网设施规划是电网规划的重要组成部分,在电网规划落地、工程设计、项目建设、物资采购、电网运行、电网运维等工作环节都能起到一定的作用。

5.1.1 电网规划落地

电网规划作为城市总体规划的重要组成部分,应与城市发展规划相互协调、同步实施。电网企业要主动调整规划思路,通过将电网设施的设计标准化,在统一的基础上,构建出结构合理、技术先进、灵活可靠、经济高效的智能电网,使得电网规划、设计与周围环境和谐,实现电网规划与城市总体规划紧密结合。[1]

一是坚持滚动规划机制,开展电网规划执行情况评估工作。定期对比规划,分析制约规划方案落实的因素,总结规划实施效果,分析电网规划适应性,从而提出加强规划管理、提高规划水平的建议。

二是开展电网发展诊断分析工作。采用定量和定性分析方法,从电网规模、安全可靠水平、利用效率、经营状况、政策环境等方面系统评估电网现状,诊断电网薄弱环节,查找影响电网发展的主要原因,正确把握电网发展的方向,推动电网科学发展。

三是开展电网项目后评估工作。通过电网项目后评价,对已建成投运项目的实施方案、执行过程以及运营效益、作用和影响进行系统客观的分析和评价,总结经验,并通过及时有效的信息反馈,为未来电网规划管理提出建议。

上述几点措施的落实,确保将电网规划变电站用地和高压走廊落实到红线坐标,实现电网规划与城市规划有效衔接,也使电网规划真正落地,具有可操作性和可靠保障。

5.1.2 工程设计和项目建设方面

在电网设施设计过程中,存在诸多的设计问题,主要体现在两个方面[2]:第一,设计缺少合理的标准。针对电气工程来说,其涉及的电能指标众多,由于建筑级别存在差异,使得设计需求也有所不同。但是，在开展电网设施设计工作时，并没有有效机制保证工作人员都根据有关需求完成设计工作。如果出现问题，需要开展全面修整工作，这样不仅需要延长施工时间，同时还会消耗更多的经济成本。第二，设备之间缺少一致性。结合设计需求以及标准，设备之间应该做好合理的配置工作，只有具备足够匹配的条件下，才能获得良好的预期效果。

在开展强电系统施工工作时，总是会发生质量问题，而引发质量问题出现的因素有以下三点：第一，施工材料存在质量问题。对强电系统来说，其涉及诸多配件，在落实施工工作时，如果没有做好各项配件质量检测工作，直接进行应用，就会因为配件故障因素，使得整个强电系统不能顺利应用。第二，安装质量问题。在开展强电系统安装工作时，因为有关工作人员不具备专业的施工技术，或者施工流程不规范，从而给建筑用电造成不利影响。第三，线路保护质量问题。线路运营的实际环境比较恶劣，使得线路出现老化现象，或者存在混点问题，从而给工程带来不利因素。

在开展建筑强电施工工作时，各个高度或者应用途径存在差距的建筑，应该根据规范需求明确防雷级别，同时运用合理的防雷措施。由于一些建筑没有开展防雷工作，使得建筑中有关电气设备因为遭受雷击而发生损坏，从而造成经济损失。针对没有开展接地工作的建筑来说，总是会出现触电或者线路短路现象，从而无法保证建筑的用电安全。

所以，需要将电网设施设计规模标准化，做好电力系统施工设计规范工作，并在开展电力系统施工设计工作过程中，根据有关规范需要落实设计，结合各个级别的负荷情况，合理地选择强电设计标准。这样才能使工程更加顺利地开展，并有效保障建筑的用电安全。针对建筑设计环节来说，需要由设计企业一次性落实强电施工设计工作，同时对各个变配电的实际需求进行标注。

5.1.3 物资采购

随着社会经济的飞速发展，我国经济实力有了明显的提升，人们对电网建设质量的需求日益增加，现如今电网系统的优化与完善已然成为一项备受重视的企业任务。电网企业为了满足现代社会快速发展的需求，力争跻身一流企业，在此过程中必须保障整个电网系统的安全、稳定与可靠。变压器、断路器等电气设备是构成电网系统的基本物资，新时代背景下此类设备也在不断"推陈出新"；电网企业主要通过电网系统为消费者传输电力、提供电能，电网系统由电缆、导线、变压器等基本物资组成；而像电线开关材料等是电网企业发展进程中的必备物资，其质量好坏、价格高低都与企业的构建成本及整个电网系统的安全稳定有着密切相关。[3]

由于设计的标准化，建设某设施需要的物资及其标准可以基本确定，在采购物资时可以避免浪费或不足的情况，有效地节约了经济成本。

5.1.4 电网运行和电网运维[4]

我国经济的快速发展，使得科学技术日渐成熟，智能电网正是在这一背景下产生，成为我国电网的主要运行模式。为了确保智能电网的有效运作,首要任务就是探索出满足当下电网运行模式的系统维护方法,改变以往单一的维护模式,向一体化方向发展。

电网运行维护一体化的意义,从宏观的角度来说,智能电网的产生和应用,实现了电网一体化的建设目标,良好控制资源的应用,避免了资源浪费过分消耗能源问题的产生,实现电网规模化运行中能源最低消耗的预期目标。从微观的角度来说,电力是当下社会大众生活期间不可缺失的,因此要确保电力运行质量,实施精密化管理,只有这样才能更加合理地配置电力资源,确保电网系统的安全性,更加安全、快速地应用电网资源,控制成本的消耗,创造更多的经济效益。

智能电网电力运行维护一体化建设期间,出现安全以及质量问题,会不利于智能电网的运行。对于智能电网来说,安全和质量是必须保障的。因此,应依据标准及时对电网检修,保障电网系统的安全性,为工作人员的健康以及安全做保障。但是,智能电网运行期间,受到传统模式的影响,工作人员分工不明确,影响智能电网的运行效果,导致施工现场作业不够标准,经济效益无法保证。究其根本,是因为没有制定相关标准。

在电网设施设计中,要明确运维一体化的建设原则,把安全以及高质量标准作为电网运维一体化建设的基本原则,把效能释放作为标准,遵循高质量和经济适用性施工基本要求,把经济支出控制在最低,构建和健全管理系统,把监督与管理工作有效结合,并制定相关标准,可确保各项工作规范性。[5]

5.2　变电站规划标准

变电站规划设计是电网规划设计的重要环节,旨在科学规划电网变电站布局,合理确定变电站规模和选择主变压器、电气主接线等设备,以满足地区内负荷、电源和网架发展的需要,保障各电压等级电网电力的安全可靠疏散和分配。[6]

5.2.1　变电站规划

变电站是电力网中用以变换电压、交换功率和汇集、分配电能的设施。根据变电站在系统中的地位,变电站主要包括枢纽变电站、区域变电站、地区变电站和终端变电站。

(1)枢纽变电站

枢纽变电站是在电力系统中处于枢纽位置、汇集多个电源和联络线或连接不同电力系统的重要变电站。它在系统中的主要作用和功能是:①汇集分别来自若干发电厂的输电主干线缆,并与电力网中的若干关键点连接,同时还与下一级电压的电力网相连接;②作为大、中型发电厂接入最高一级电压电力网的连接点;③几个枢纽变电站与若干输电主干线路组成主要电力网的骨架;④作为相邻电力系统之间互联的连接点;⑤作为下一级电压电力网的主要电源。

（2）区域变电站

区域变电站是向数个地区或大城市供电的变电站。区域变电站将远处的电力转送至负荷中心，同时降压向当地和邻近地区供电。在电力网最高电压的变电站中，除少数为枢纽变电站外，其余均为区域变电站。区域变电站的电源线路有三种引入方式：①将一回双侧有电源的穿越线路断开接入；②将一回单侧有电源的穿越线路断开接入；③将双回线路断开接入。区域变电站发生事故时将可能损失较大的负荷，因此对区域变电站的可靠性要求较高。

（3）地区变电站

地区变电站是向一个地区或大中城市供电的变电站。它通常从 110～220kV 的电力网受电，降压至 6～35kV 后向电力负荷供电。地区变电站以受电为主，为提高供电可靠性，当本地区内有若干变电站时，可以采用正常时分区供电、事故时互为备用的方式。地区变电站要求有两个电源向它供电，这两个电源通常从区域变电站和地区发电厂引接，也可以从同一电源的不同母线段上引接。

（4）终端变电站

终端变电站处于电力网末端，包括分支线末端的变电站。有时特指采用线路—变压器组、不设高压侧母线、不设高压断路器的变电站。终端变电站接线简单、占地少、投资省。

此外，变电站还包括开关站、串补站和企业变电站。开关站是为提高电网稳定性或便于分配同一电压等级电力而在线路中间设置的没有主变压器的电力设施；串补站是实现电力系统输电线路串联补偿的电力设施；企业变电站一般具有终端变电站的特点，是大中型工矿企业的专用变电站。

5.2.1.1 变电站规划原则

变电站规划须遵循以下原则。

（1）符合地区经济发展规划、城乡总体规划以及电网发展规划要求。

（2）变电站布点和规模应与地区负荷、电源规模相匹配，并通过合理布点实现对网络结构的加强和布局的优化。

（3）充分发挥变电站在网架结构中的功能和作用，枢纽变电站应考虑布点在电网中便于汇集、分配电力的位置，区域变电站既要考虑向本地电网供电又要便于电力向其他地区转送，地区变电站和终端变电站应尽量靠近其供电的负荷中心。

（4）统筹考虑高/低电压等级电网的协调发展，实现高/低电压等级电网变电站布点、容量和规模等的衔接和匹配，保证电力的合理疏散和消纳。

（5）远近结合，既满足近期电网需求，又兼顾长远发展需要，高低压各侧进出线方便，便于合理过渡，占地面积应考虑最终规模要求。

5.2.1.2 变电站规模确定

（1）变电站容量的确定

变电站容量一般应在充分分析变电站供电区域内负荷发展、电源布局、网架结构等因素的基础上,计算地区变电容量总需求、新建和扩建变电站规模,并统筹考虑地区电网合理容载比和主变负载率后综合确定。变电站变电容量的基本计算流程如图 5.1 所示。

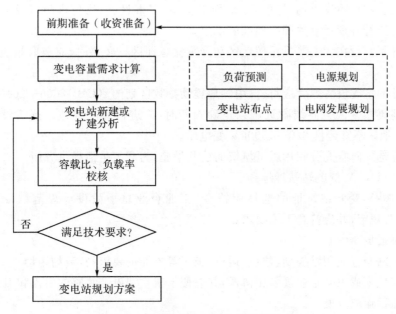

图 5.1　变电站变电容量的基本计算流程

5.2.1.3　变电站站址选择

(1)220～1000kV 变电站站址选择

①应根据电力系统规划设计的网络结构、负荷分布、城乡规划、征地拆迁等要求进行,通过技术经济比较和经济效益分析,选择最佳的站址方案。

②应注意节约用地,合理使用土地。尽量利用荒地、劣地,不占或少占耕地和经济效益高的土地,并尽量减少土石方量。

③应按审定的本地区电力系统远景发展规划,满足出线条件要求,留出架空和电缆线路的出线走廊,避免或减少架空线路相互交叉跨越。架空线路终端塔的位置宜在站址选择规划时统一安排。

④应根据交通运输条件和变电站建设需要,方便进站道路引接和大件运输。应通过技术经济比较,落实大件运输方案。

⑤站址应具有适宜的地质、地形条件,应避开滑坡、泥石流、塌陷区和地震断裂地带等不良地质构造。宜避开溶洞、采空区、明和暗的河塘、岸边冲刷区、易发生滚石的地段,尽量避免或减少破坏林木和环境自然地貌。

⑥应避让重点保护的自然区和人文遗址,不压覆矿产资源,否则应征得有关部门的书面同意。

⑦应满足防洪及防涝的要求,否则应采取防洪及防涝措施。

⑧站址附近应有生产和生活用水的可靠水源。当采用地下水为水源时,应进行水文地质调查或勘探,并提出报告。

⑨站址周边应有满足变电站施工及站用电外接电源要求的可靠电源。

⑩站址选择时应注意变电站与邻近设施、周围环境的相互影响和协调,必要时应取得有关协议。站址距飞机场、导航台、地面卫星站、军事设施、通信设施以及易燃易爆等设施的距离应符合现行有关国家标准的规定。

⑪站址不宜设在大气严重污秽地区和严重盐雾地区。必要时,应采取相应的防污染措施。

⑫站址的抗震设防烈度应符合《中国地震动参数区划图》(GB 18306—2015)的规定。站址位于地震烈度区分界线附近难以正确判断时,应进行烈度复核。抗震设防烈度为9度及以上地区不宜建设220~1000kV变电站。

⑬站址选择时宜充分利用就近城镇的公共设施,为职工生活提供方便。

(2)35~110kV变电站站址选择

35~110kV变电站站址的选择应符合《工业企业总平面设计规范》(GB 50187—2012)的有关规定,并应符合下列要求:

①应靠近负荷中心。

②变电站布置应兼顾规划、建设、运行、施工等方面的要求,宜节约用地。

③应与城乡或工矿企业规划相协调,并应便于架空和电缆线路的引入和引出。

④交通运输应方便。

⑤周围环境宜无明显污秽;空气污秽时,站址宜设在受污染源影响最小处。

⑥变电站应避免与邻近设施之间的相互影响,应避开火灾、爆炸及其他敏感设施;与爆炸危险性气体区域邻近的变电站站址选择及其设计应符合《爆炸危险环境电力装置设计规范》(GB 50058—2014)的有关规定。

⑦应具有适宜的地质、地形和地貌条件,站址宜避免选在有重要文化或开采后对变电站有影响的矿藏地点;无法避免时,应征得有关部门的同意。

⑧站址标高宜在50年一遇高水位上;无法避免时,站区应有可靠的防洪措施或与地区(工业企业)的防洪标准相一致,并应高于内涝水位。

⑨变电站主体建筑应与周边环境相协调。

(3)35~220kV地下变电站站址选择

①在城市电力负荷集中但地上变电站建设受到限制的地区,可结合城市绿地或运动场、停车场等地面设施独立建设地下变电站,也可结合其他工业或民用建(构)筑物共同建设地下变电站。

②地下变电站的站址选择应与城市市政规划部门紧密协调,统一规划地面道路、地下管线、电缆通道等,以便于变电站设备运输、吊装和电缆线路的引入与引出。

③站址应具有建设地下建筑的适宜的水文、地质条件(如避开地震断裂带、塌陷区等不良地质构造)。站址应避免选择在地上或地下有重要文物的地点。

④站址选择时应考虑变电站与周围环境、邻近设施的相互影响。

⑤除了对站区外部设备运输道路的转弯半径、运输高度等限制条件进行校验外,还应注意校核邻近运输道路地下设施的承载能力。

5.2.1.4　变电站布置方式

变电站的布置方式和高压开关设备类型选择有密切关系。高压开关设备按其绝缘水平可分为三类:①空气绝缘的敞开式开关设备(Air Insulated Switchgear,AIS);②气体绝缘金属封闭开关设备(Gas Insulated Switch,GIS);③混合技术开关设备(Mixed Technologies Switchgear,MTS)。其中,混合技术开关设备可分为两类,一类为敞开式组合电器,另一类为混合气体绝缘开关设备(Hybrid Gas Insulated Switchgear,HGIS)。

变电站按照建筑形式和电气设备布置方式可划分为户内、半户内(半户外)和户外三类。

5.2.2　主变压器选择标准

5.2.2.1　主变压器容量和台数选择

主变压器容量和台数选择的一般原则如下。

(1)主变压器容量和台(组)数的选择,应根据《电力系统设计技术规程》(DL/T 5429—2009)等相关行业标准和审定的电网规划设计,综合地区供电条件、负荷性质、用电容量和运行方式等条件后确定。

(2)主变压器容量一般根据变电站建成后 5~10 年的规划负荷决定,并适当考虑远期 10~20 年的负荷发展。对负荷密度大、站址资源紧张、环境因素制约较大的地区,推荐采用大容量变压器。

(3)变电站同一电压网络内任一台变压器发生事故时,其他元件不应超过事故过负荷的规定。凡变电站内装设两台(组)及以上主变压器时,当一台主变压器停运时,其余变压器容量应能保证全部负荷的 70%~80%,并在计及过负荷能力后的允许时间内,保证用户的一级和二级负荷。

(4)同级电压的变压器容量的级别不宜太多,应从全网出发,推行系列化、标准化;同一地区,同一电压等级的变压器容量不宜超过 2~3 种,同一变电站的变压器宜采用相同容量。

(5)主变压器容量选择应考虑上下级变电站主变压器容量的匹配及协调关系。当变电站内主变压器达到最终规模,其供电区的负荷增长与预测相比相差较大时,一般通过新建变电站来提高供电能力,若站址选择困难,可以在原站更换大容量变压器来满足负荷增长需求。

(6)在一、二级负荷的变电站中应装设两台(组)主变压器,技术经济合理时,可装设两台(组)以上主变压器。如变电站可由其他能源保证变压器停运后用户的一级负荷,则可装设一台(组)主变压器。

5.2.2.2　主变压器形式选择

变电站主变压器形式选择主要是确定主变压器的相数(单相或三相)、备用相设置、绕组数量及其连接方式。

（1）相数的选择

①主变压器相数

对 330kV 及以下电压等级变电站,若大件运输条件允许,主变压器应选用三相变压器;对 500kV 及以上电压等级变电站,受大件运输条件的限制,一般选用单相变压器,但尚需结合系统条件,对变电站一台(组)变压器故障或停运检修时对系统的影响进行评估,通过技术经济论证来确定选用单相变压器还是三相变压器。

②备用相设置

对 500kV 及以上电压等级变电站的单相变压器组,应考虑一台变压器故障或停电检修时,对供电及系统工频过电压的影响,通过技术经济论证来确定装设备用相是否必要。对于容量、阻抗、电压等技术参数相同的两台或多台主变压器,应考虑共用一台备用相。另外,根据备用相在替代工作相的投入过程中,是否允许较长时间停电和变电站的布置条件等具体情况,决定备用相是否需要采用隔离开关和切换母线工作相互连接。

（2）绕组数量和联结方法

①绕组数量

对于具有三种电压的变电站,如通过主变压器各侧绕组的功率均在该变压器额定容量的 15% 以上,或在变电站内需装设无功补偿设备时,主变压器宜选用三绕组变压器;对于深入负荷中心、具有直接从高压降为低压供电条件的变电站,为简化电压等级或减少重复降压容量,一般宜采用双绕组变压器。

②绕组的联结方法

一台三相变压器或拟结成三相的单相变压器组,其绕组的联结方法应根据该变压器是否与其他变压器并联运行、中性点是否引出和中性点的负载要求来选择。

（3）自耦变压器的选择

自耦变压器与同容量的普通变压器相比具有很多优点,材料省、质量轻、尺寸小、易制造、造价低、损耗低,效率高;由于高、中压线圈的自耦联系,阻抗可以减小,以改善电力系统的稳定性;可以提高变压器容量,便利运输和安装。

①自耦变压器的选用

我国 500kV 及以上电网中几乎全部采用自耦变压器,对于 220kV 及以下电压等级电网,则应根据各地区电网具体特点论证确定。

②自耦变压器选用时应注意的问题

自耦变压器的选择应注意效益问题、阻抗问题以及中性点接地问题。

（4）选用全星形接线变压器应注意的问题

选用全星形接线变压器时应注意三次谐波问题、零序阻抗问题、操作过电压问题以及继电保护问题。

5.2.2.3　变压器阻抗及电压调整方式选择

（1）主变压器阻抗的选择

变压器的阻抗实质就是绕组间的漏抗。阻抗的大小主要取决于变压器的结构、型式和材料。当这三个因素确定后,变压器阻抗大小一般和其容量关系不大,而仅与变压器额定电压有关。

从电力系统稳定和供电电压质量考虑,主变压器阻抗越小越好;但阻抗的降低会造成系统短路电流增加,从而提高对高、低压电气设备的要求。另外,阻抗的大小还要考虑变压器并联运行的要求。主变压器阻抗的选择要考虑如下原则。

①各侧阻抗值的选择必须从电力系统稳定、无功平衡、电压调整、短路电流、继电保护、变压器之间并联运行等方面进行综合考虑。

②对双绕组普通变压器,一般按标准规定值选择。

③对三绕组的普通型和自耦型变压器,其最大阻抗是放在高、中压侧还是高、低压侧,必须按第①条原则来确定。目前,国内生产的变压器有升压型和降压型两种。升压型的绕组排列顺序自铁芯向外依次为中、低、高,所以,高、中压侧阻抗最大;降压型的绕组排列顺序自铁芯向外依次为低、中、高,所以,高、低压侧阻抗最大。

(2)主变压器分接位置

主变压器分接位置要考虑如下原则。

①一般在高压绕组上,电压比较大时更应如此。

②一般在星形联结绕组上,而不是在三角形联结的绕组上。

(3)压方式的选择

变压器的电压调整是用分接开关来切换变压器的分接头,改变变压器变比来实现的。一般切换方式有两种:一种是不带负荷切换,称为无励磁调压或无载调压,调整范围通常在±5%以内;另一种是带负载切换,称为有载调压,调整范围可达30%。

选择调压方式的一般原则如下。

①对330kV及以上变压器,应尽量采用无载调压变压器。

②对220kV变压器,一般采用无载调压变压器,在电网电压可能有较大波动的情况下可采用有载调压变压器。

③对110kV及以下变压器,一般至少有一级变压器采用有载调压方式。

5.2.2.4　变压器并联运行条件

两台或多台变压器并联运行时,必须满足以下五个基本条件。

(1)电压比(变比)相同,允许偏差相同(尽量满足电压比在允许偏差范围内),调压范围与每级电压要相同。如果电压比不相同,两台变压器并联运行将产生环流,影响变压器的出力。当电压比相差很大时,可能破坏变压器的正常工作,甚至使变压器损坏。

(2)阻抗电压相同,尽量控制在允许偏差范围±10%以内,还应注意极限正分接位置短路阻抗与极限负分接位置短路阻抗要分别相同。当两台阻抗电压不等的变压器并联运行时,阻抗电压大的分配负荷小,当这台变压器满负荷时,另一台阻抗电压小的变压器就会过负荷运行。变压器长期过负荷运行是不允许的,因此,只能让阻抗电压大的变压器欠负荷运行,这样就限制了总输出功率,能量损耗也增加了,也就不能保证变压器的经济运行。

(3)联结组别相同。当并联变压器电压比相等,阻抗电压相等,而接线组别不同时,就意味着两台变压器的二次电压存在着相角差和电压差。在电压差的作用下,电流有时与额定电流相当,但其差动保护、电流速断保护均不能动作跳闸,而过电流保护不能及时动作跳闸时,将造成变压器绕组过热,甚至烧坏。因此,连接组别不同的变压器不能并联运行。

(4)容量比为 0.5~2。如果容量相差悬殊,不仅运行很不方便,而且在变压器特性稍有差异时,变压器间的环流将相当显著,特别是容量小的变压器容易过负荷或烧毁。

(5)频率相同。

5.2.3 电气主接线规划标准

5.2.3.1 电气主接线选择的基本原则

电气主接线表示变电站内主要电气设备相互之间的连接关系,以及本变电站与系统的电气连接关系。电气主接线是变电站电气部分的主体,对电气设备的选择、配电装置与厂房布置、运行灵活性、可靠性和经济性等都有重要的影响。

变电站的电气主接线应满足可靠性、灵活性和经济性三项基本要素。

(1)可靠性

供电可靠性是电力生产和分配的首要要求,主接线设计首先应满足可靠性要求。在研究主接线的可靠性时,应考虑以下几点。

①可靠性的客观衡量标准是运行实践。应重视国内外已运行的变电站的可靠性统计,可以作为主接线可靠性评估的主要依据。

②主接线的可靠性建立在各组成元件的可靠性基础上,因此,主接线设计不仅要考虑一次设备(如变压器、母线、断路器、隔离开关、互感器、电缆、架空线路等)的故障率及其对供电的影响,还要考虑继电保护二次设备的故障率及其对供电的影响。各组成元件的可靠性可根据运行统计资料确定。

③根据变电站与电力系统连接的紧密程度以及在系统中的地位和作用,定性、定量分析主接线的可靠性。

(2)灵活性

主接线的灵活性应满足以下要求。

①满足调度运行时的灵活性。可以灵活操作,投入或切除变压器或线路,调配电源和负荷;能够满足系统在事故运行方式、检修运行方式以及特殊运行方式下的调度要求。

②满足检修时的灵活性。可以方便地停运断路器、母线及其继电保护设备,进行安全检修,且不会影响电力网的运行或停止对用户的供电。

③满足扩建时的灵活性。可以方便地从初期过渡到最终接线,一次、二次设备装置等所需的改造小,停电范围小。

(3)经济性

主接线在满足可靠性和灵活性的前提下要做到经济合理。经济性主要考虑以下几点。

①投资省。主接线要简单清晰，以节省断路器、隔离开关、电流互感器、电压互感器、避雷器等一次设备的投资；优化控制保护系统，以利于运行并节约二次设备和控制电缆投资；合理限制短路电流，以降低对设备的要求；根据变电站在系统中的地位和作用，合理选择电气设备。

②占地面积小。主接线要为配电装置布置创造条件，以节约用地、土建费用和安装费用。在满足运输条件的前提下，为简化布置，优先选用三相变压器。

③电能损失小。经济合理地选择主变压器形式、容量和数量，避免两次变压而增加电能损失。

(4)其他要求

①设备选择和布置、进出线方向和布置对主接线选择的影响。

②定性或定量分析变电站运行费用对主接线选择的影响。

③定性或定量分析事故损失费用对主接线选择的影响。

④扩建时停电的损失费用对主接线选择的影响。

5.2.3.2 电气主接线形式及应用范围

(1)典型电气主接线的型式

变电站电气主接线可分为两大类：有汇流母线的接线和无汇流母线的接线。其中，有汇流母线的接线形式包括单母线、单母线分段、双母线、双母线分段、一个半断路器接线等；无汇流母线的接线形式包括线路—变压器组、内桥接线等。

有汇流母线的主接线形式可分为两个系列，一个是母线系列，包括单母线、单母线分段、双母线、双母线分段接线；另一个是断路器系列，目前常用的为一个半断路器接线。

①母线系列主接线。母线系列主接线的运行特点是某段母线关联的所有设备相关耦合，母线故障时所有关联设备都需要跳闸，因此，母线及其关联的隔离开关设备数量多少对整个主接线可靠性影响显著。

②断路器系列主接线。断路器系列主接线的每一回进线/出线通过两个断路器相连，如果断路器不发生拒动，则各个进线/出线的故障不会造成其他回路停电，因此可靠性相比母线系列的主接线大大提高。对于这个系列的接线，断路器的可靠性水平成为影响整个主接线可靠性水平的关键因素。如果断路器发生拒动，则会扩大故障范围，造成严重后果。

③其他类型。对于桥形接线等无汇流母线的接线形式，其突出特点是经济性较好，但可靠性较差，对运行工况的适应性不强。

(2)典型电气主接线的应用范围

电气主接线形式的选择通常是根据变电站在电力系统中的地位和作用，满足电力系统安全运行与经济调度的要求，考虑规模、电压等级、供电负荷的重要性、电力系统短路容量、本期及远期回路数、站址环境以及电气设备特点等条件确定。

(3)变电站电气主接线选择

35～1000kV变电站的电气主接线形式选择一般可参考表5.1。

表 5.1　35～1000kV 变电站的电气主接线形式选择

变电站	电压等级/kV	主接线形式
1000kV	1000	一个半断路器接线
	500	一个半断路器接线
	110	单母线接线(可分组独立设置)
750kV	750	一个半断路器接线
	330	①一个半断路器接线;②本期双母线接线,远期双母线双分段接线
	220	本期双母线接线,远期双母线双分段接线
	66	单母线接线
500kV	500	一个半断路器接线
	220	①双母线接线;②双母线分段接线
	66	单母线接线
	35	单母线接线
330kV	330	①一个半断路器接线;②双母线双分段接线
	110	①双母线接线;②双母线双分段接线
	35	单母线连线
220kV	220	①双母线接线;②双母线分段接线;③内桥接线;④扩大内桥接线;⑤线变组接线
	110	①单母线分段接线;②双母性接线
	66	双母线接线
	35	①单母线接线;②单母线分段接线
	10	①单母线接线;②单母线分段接线
110kV	110	①单母线接线;②单母线分段接线;③双母线接线;④内桥接线;⑤扩大内桥接线;⑥线变组接线;⑦环入环出接线
	35	①单母线接线;②单母线分段接线
	10	①单母线接线;②单母线分段接线
66kV	66	①单母线接线;②单母线分段接线;③内桥接线;④扩大内桥接线;⑤线变组接线
	10	单母线分段接线
35kV	35	①单母线接线(可分组独立设置);②单母线分段接线;③内桥接线;④线变组接线
	10	①母线接线;②单母线分段接线

5.2.4　中性点接地方式选择标准

5.2.4.1　中性点接地方式及特点

电力系统的中性点接地方式主要有不接地、经消弧线圈接地、经电阻接地、经小电抗接地和直接接地等方式。

各中性点接地方式特点及应用范围见表 5.2。

表 5.2　中性点接地方式特点及应用范围

中性点接地方式		特点	应用范围
不接地		单相接地允许带故障运行两小时,供电连续性好,但过电压水平高	10～66kV
经消弧线圈接地		补偿接地电容电流,消除弧光接地过电压	10～66kV
经电阻接地	低电阻	(1)电流大,易于迅速判定并切断接地故障点 (2)过电压水平低,能消除谐振过电压 (3)能消除弧光接地过电压中的 5 次谐振 (4)大电流对低压设备及人身安全都有危险 (5)目前小电阻热稳定性普遍不好,大电流可能致使接地电阻损毁	大中型城市以地下电缆为主的配电网,大型发电机中性点
	中电阻	与低电阻的优点相同,且接地电流相对低电阻方式较小,利于低压设备及人身安全保护,电阻电流与故障电流相近,系统接地方向继电器的灵敏度会受到影响	大中型城市以地下电缆为主的配电网
	高电阻	(1)当系统发生单相接地时可以在一定时间内继续运行 (2)减少故障点的电位梯度,阻尼谐振过电压 (3)在电网中适用范围较窄 (4)对过电压的问题无法解决	以架空线为主的配电网
经小电抗接地		限制故障接地电流比小电阻更有效,便于采用单相快速重合闸	220～1000kV
直接接地		过电压和相应的绝缘水平要求低,对于 110kV 及以上电网,降低绝缘水平的经济效益非常显著。但单相接地电流很大,有时会超过三相短路电流,影响断路器遮断能力的选择	110～1000kV

5.2.4.2　中性点接地方式选择

电网的中性点接地方式与电压等级、短路电流、过电压水平和保护配置等诸多因素有关,直接影响电网的绝缘水平、系统供电可靠性和连续性、电气设备运行安全以及对通信线路的干扰等。

中性点接地方式选择的一般原则如下。

①对于 110kV 及以上电网,一般采用中性点直接接地方式,当零序阻抗过小时应考虑中性点经小电抗接地,以使零序电抗与正序电抗之比(X_0/X_1)大于 1,零序电抗与正序电抗之比为 1.5,保证单相接地短路电流不超过三相短路电流。

②10~66kV 电网一般采用中性点不接地方式,当单相接地故障电流大于 10A 时,采用中性点经消弧线圈或低电阻接地方式。

③电网的中性点接地方式决定了变压器的中性点接地方式。主变压器的 110~1000kV 侧采用中性点直接接地方式时,自耦变压器中性点必须直接接地或经小电抗接地;凡中、低压有电源的升压站和降压站至少应有一台变压器直接接地;终端变电站的变压器中性点一般不接地;主变压器 10~66kV 侧采用中性点经消弧线圈接地时,消弧线圈应统筹规划、分散布置,避免多台消弧线圈集中安装在网络中的一处或网络中只装设一台消弧线圈。

10~1000kV 系统中性点接地方式见表 5.3。

表 5.3   10~1000kV 系统中性点接地方式

电压等级		接地方式
220~1000kV 系统		直接接地、小电抗接地
110kV 系统		直接接地
66kV 系统		不接地、经消弧线圈接地
35kV 系统		不接地、经消弧线圈接地或低电阻接地
10kV 系统	单相接地故障电容电流在 10A 及以下	不接地
	单相接地故障电容电流在 10~150A	经消弧线圈接地
	单相接地故障电容电流达到 150A 以上	经低电阻接地

中性点接地参数计算流程如下。

(1)架空线路单相接地电容电流

在电网规划阶段,对于架空线路的单相接地电容电流 I_c,可用以下经验公式估算:

$$I_c = (2.7 \sim 3.3)U_e l \times 10^{-3} \qquad 5.1$$

式中,U_e 为线路的额定电压(kV);l 为线路的长度(km)。

2.7~3.3 取值原则为:①对没有架空地线的采用 2.7;②对有架空地线的采用 3.3。

对于同杆双回线路,电容电流为单回路的 1.3~1.6 倍。

(2)电缆线路单相接地电容电流

在电网规划阶段,对于电缆线路的单相接地电容电流 I_c,可用以下经验公式估算:

$$I_c = 0.1U_e l \qquad 5.2$$

式中,U_e 为线路的额定电压(kV);l 为线路的长度(km)。

(3)消弧线圈的选择

①安装消弧线的电力网,中性点位移电压在长期运行中应不超过相电压的 15%。

②35kV 及以下电压等级的系统,故障点残余电流应尽量减小,一般不超过 10A。为

减少故障点残余电流,必要时可将电力网分区运行。消弧线圈脱谐度的计算公式为:

$$v = \frac{I_c - I_L}{I_c} \qquad\qquad 5.3$$

式中,v 为脱谐度,若 v 为负值,称为过补偿,若 v 为正值,称为欠补偿;I_c 为故障电流(A);I_L 为消弧线圈电感电流(A)。

③消弧线圈一般采用过补偿方式,当消弧线圈容量不足时,允许在一定时间内用欠补偿的方式运行,但欠补偿度不应超过 10%。

④在选定电力网消弧线圈的容量时,应考虑 5 年左右的发展,并按过补偿进行设计,其容量按下式计算:

$$S_x = 1.35 I_c U_\varphi \qquad\qquad 5.4$$

式中,I_c 为电力网接地电流(A);U_φ 为电力网相电压(kV)。

⑤消弧线圈安装地点的选择应注意的问题如下。

a. 要保证系统在任何运行方式下断开 1～2 条线路时,大部分电力网不致失去补偿。

b. 消弧线圈宜装于星形—三角形接线变压器中性点上。装于三角形—星形接线的双绕组变压器及三绕组变压器中性点上的消弧线圈容量,不应超过变压器容量的 50%,并不得大于三绕组变压器任一绕组容量。若需将消弧线圈装在星形—星形接线的变压器中性点上,消弧线圈的容量不应超过变压器额定容量的 20%。不应将消弧线圈接于零序磁通经铁芯闭路的星形—星形接线的三相变压器上。

对于主变压器为三角形接线的绕组,不应将消弧线圈接于零序磁通经铁芯闭路的 Y0y0 接线的三相变压器上,应在该绕组的母线处加装零序阻抗很小的专用接地变压器,接地变压器的容量不应小于消弧线圈的容量。

5.3　输电线路规划与导线选择标准

输电线路规划与导线选择是电网规划设计中的重要组成部分。其目的在于选出一条技术条件最好,投资造价最省,符合国家相关政策规定的线路路径与导线,满足电能的传输、调节和分配,并确保输电工程的顺利实施。

输电线路规划与导线选择一般包括输电线路走廊和路径规划、架空和电缆线路导线选择等内容。一般结合电网线路现状和发展情况,地形、地貌、地方土地规划等,合理规划输电线路走廊和路径;在输电线路规划确定后,开展线路导线选择工作,首先根据工程实施条件确定使用架空线路或是电缆线路,然后根据相关技术条件约束选择导线类型和合适的导线截面积。

5.3.1 输电线路规划标准

输电线路规划是在线路的起、讫点间,综合考虑各种因素,选出技术经济合理的线路路径,重点解决线路走廊的可行性问题,避免出现技术上的颠覆性问题,因此一定要进行翔实的调查研究,全面掌握电力系统条件、城乡规划、地质、给排水、环境等原始资料。

输电线路规划一般遵循下列总体要求。

(1)可用性。选择的线路走廊可以利用,避免基本农田保护区、自然保护区、文物保护区、矿山采空区、军事禁区等。

(2)合理性。技术和经济上都要合理,不因地形地质条件等大幅增加土石方开挖和填埋量,避免产生巨量拆迁,避免引起社会矛盾。

(3)适应性。线路走廊规划应适应未来 10~20 年长远发展需要,远近结合,既要考虑近期建设合理,又要考虑远景适应性。

(4)协调性。注重与变电站系统条件(地位作用、接线方式和供电范围等)、政府土地政策、自然条件及交通运输等方面的协调统一。

5.3.2 架空输电线路导线选择标准

5.3.2.1 基本原则

(1)架空输电线路规划要遵守国家的相关政策和法律法规。

(2)尽可能满足长度较短、水文和地质条件较好且特殊跨越较少。

(3)尽可能避开公园、森林、果木林、绿化区和防护林带等,如果无法避免,那么应该选取最窄处通过,从而减少对树木的砍伐;尽可能少占用农田,并且少拆迁房屋和其他类型的建筑物。

(4)尽可能避开地质复杂、基础施工挖方量大、地形复杂、排水量大和杆塔不稳定的地段。

(5)尽可能避开沿线交通不便利的地区,但不要因此造成线路长度的较大增加。

(6)在一些采掘业发展史较长的省份,要特别注意避开采空区,避免地面塌陷而危及架空输电线路的安全。

(7)尽量避免和同一河流或工程设施多次交叉。

5.3.2.2 技术要求

架空输电线路规划的技术要求,主要包括跨河点、转角点、山区/矿区/多气象区/严重覆冰地区选线的要求。

(1)跨河点。尽量避免水位较深的地段,选在河床平直、河道狭窄、河岸稳定且不受洪水掩埋的地段;尽量避免在河道弯曲处和支流入口处跨越河流;尽量避免在码头、泊船的地方,排洪道和旧河道处跨越河流;如果必须利用河漫滩、江心岛和河床架设杆塔时,应该进行全面的水文调查、工程地质勘探和断面测量。

（2）转角点。转角点适宜选在地势较低的平地或山麓缓坡上,同时考虑前后两杆塔位置的合理性。对于不能利用直线杆塔(因间隙和上拔不足等原因)或原拟用耐张杆塔的地方,转角点的选择要尽量和耐张段长度结合在一起考虑。

（3）山区/矿区/多气象区/严重覆冰地区。山区路径的选择要尽量避免泥石流、滑坡、陡坡和不稳定岩堆等不良地质地段,尽量避免沿山坡走向和沿山区干河沟架线;当线路必须在矿区上架设时,应尽量在断层线或境界线上架设,同时确保两回线路分开架设或保持一定的距离;当线路必须穿越恶劣气象条件区域时,在满足规程的同时要尽量减少穿越长度,同时尽量避开山谷受风面、湖泊、河谷和沼泽等微气象区;认真调查已有线路和植物的覆冰情况、覆冰类型、季风风向和雪崩地段,避免在覆冰严重地段通过,避免出现大档距和在山峰附近的迎风面侧通过。

5.3.2.3　规划方法

架空线路规划一般分两个阶段进行,即初勘选线和终勘选线。

（1）初勘选线

初勘选线主要是核实地形图上最后选定的线路路径,通过定线、定位跟踪确定线路最大的走向,设立线路走向的临时坐标,初步检验图上选线的可行性。初勘选线分三步进行,即图上选线、资料收集和现场踏勘。

（2）终勘选线

终勘选线工作对线路的经济、技术指标和施工运行条件起着决定性作用,全面地处理各因素的关系,最终选出既经济又可行的线路路径。

终勘选线应使用仪器选定线路中心线的走向,并且设立必要的线路走向临时目标(转角桩和为架空线路前后通视用的方向桩等),定出线路中心线的走向。虽然架空输电线路的路径越短越好,但现场选线人员在确定架空输电线路的最终走向时必须综合考虑地形、交通、跨越、水文和环境情况,确保日后运行维护的方便和环境的保护。

5.3.3　电缆线路导线选择标准

电缆线路规划就是在电源点和受电点之间,从地下选出一条在技术、经济、运行维护上最合理的地下通道方案。由于架空线路比电缆线路无论在经济上、技术上还是运维上都有许多优越性,因此,电缆方案只有在架空线路方案行不通时才宜使用。

电缆线路规划的要求如下。

（1）新建电缆线路应符合安全经济和总体规划的原则。综合考虑路径长度、施工、运行和维修方便等因素,并符合下列基本要求:走廊合理、使用电缆较少;避免机械振动、化学腐蚀、电解腐蚀,避开避雷针接地极;尽量避开施工中或规划中的建筑物以及地下设施。

（2）电缆线路路径应与城市总体规划相结合,应与各种管线等其他市政设施统一安排,且征得城市规划部门认可。

(3)电缆跨越河流宜优先考虑利用城市交通桥梁或交通隧道敷设。

(4)电缆敷设要占用城市绿化带、广场、公园、河涌等时需征得其管理部门的同意,电缆敷设路径与人行隧道、车行隧道、立交桥、地铁隧道等设施交叉时需征得其管理部门或业主同意,电缆敷设路径占用除市政道路之外的其他用地时需征得其业主的同意。

(5)用于敷设电缆的地下设施或直埋敷设的电缆不应平行设于其他管线的正上方或正下方。

参考文献

[1] 刘树森.电网规划有效地实践[J].中国科技信息,2016(2):80-81.

[2] 张海燕.建筑电气工程施工中强电的施工及其标准化设计[J].中国标准化,2017(12):125-126.

[3] 吴永昆.电网企业电力物资采购风险管理[J].中国物流与采购,2019(24):118-119.

[4] 李振坤,朱菊.智能电网的电力运行维护一体化建设探讨[J].科技创新导报,2019(23):12-13.

[5] 国家能源局.配电网规划设计技术导则(DL/T 5729—2016)[S].2016.

[6] 国网北京技术研究院.电网规划设计手册[M].北京:中国电力出版社,2015:86-108,144-147.

第6章　电网结构标准化规划设计

6.1　电网结构标准化的意义

随着城市建设的发展,用电需求不断提高。近几年,电力设施建设与城市发展不匹配,用户对供电可靠性及电能质量的要求日益增高,迫使电网的建设规模与建设速度逐年增长。然而,电网建设得不到政府的有力支持,城市建设土地资源亦日趋紧张,已造成规划变电站落地困难、站址征地拆迁代价高昂、规划电力线路走廊受限等问题,严重影响并制约着地区的社会经济发展。这些问题若得不到有效解决,会影响电网的建设速度、供电可靠性及电压质量,使用电需求得不到保障。[1]

为了解决实际问题,需要为电网结构构建一个统一的标准。标准化理论是将电网结构中的主要组成部分普遍模块化,且使各模块具有明显的优异特征;使用过程中,运用模块间的强强特性,结合现场实际进行优化组合。合理的电网结构是满足供电可靠性、提高运行灵活性、降低网络损耗的基础。应用标准化理论编制的电网布局规划,增强了与政府部门间的沟通,减少了协调电网建设用地和线路走廊前期工作的困难,降低了移苗、征地、重复开挖等费用开支,预计可节省电网建设投资的5%左右。

6.2　输电网结构标准化模型

输电网是将发电厂、变电所或变电所之间连接起来的送电网络,主要承担输送电能的任务,输电设备主要有输电线、杆塔、绝缘子串、空线路等。

6.2.1　500kV输电网结构标准化模型

按电网规划的主导思想以及地域、负荷分布等一般情况,对500kV电网提出以下两种基本结构模式(见图6.1)。[2]图6.1(a)模式为"蟹式结构",图6.1(b)模式为"灯笼式结构"。500kV电网结构模式由中心网架、节点、分区系统、联络线、区外送电线等组成。

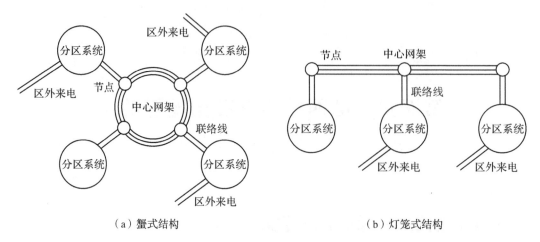

(a)蟹式结构　　　　　　　　　　　　(b)灯笼式结构

图 6.1　大区 500kV 系统电网结构模式

(1)中心网架和节点

中心网架是模式结构的重要组成部分,其功能首先是保证分区系统的可靠连接,保证大区系统稳定运行;事故方式下分区系统间能利用中心网架通道,实现可靠的相互支援;其次是正常运行方式下,为分区系统间提供一定容量的功率交换通道;网架上的"节点"是大型 500kV 变电站或开关站,其数量可根据大区系统的分区情况设置。节点的 500kV 主接线应采用标准较高的接线方式。节点间的联络线为 2~3 回,不宜多,每回线要求具备较大的长期允许通过容量,需采用大截面导线或耐热导线。为限制短路电流,节点间的线路应有一定的电抗值。经估算,其电抗标幺值宜大于 0.004(基准 100MVA,下同)。

(2)分区系统

分区系统是组成大区系统的单元,其规模视分区系统的安全要求、短路电流的分配、地理条件等情况确定。如华东电网的安徽、苏北、苏南、上海、浙北、浙南均可视为分区系统,从东西南北各个方向与上述中心网架连接,形成"蟹式结构"。对于负荷密集和本地装机容量(不包括区外来电)较大的分区系统,其容量一般宜控制在 15~20GW。

(3)分区系统与中心网架间的联络线

分区系统与中心网架间宜采用双回联络线连接,并需保持一定的电抗值,标幺值宜大于 0.002。与中心网架一样,双回线采用大截面导线,以保证中心网架与分区系统间可靠有力的连接。

(4)区外送电线

区外来电如果是远方直流送电,其电力一般是直送目的受电网,如现有的葛洲坝水电厂至上海电网的直流送电线路、三峡水电厂至上海的直流送电线路等。

正常方式下,如果是远方交流送电和大区系统内分区系统间的大容量稳定的功率输送,有条件的也宜直送目的地受电网,使送电线路清晰、明朗,不宜与地区系统混淆连接,不宜经中心网架转送,以保持中心网架和联络线均处于轻载运行状态。

6.2.2　220kV 输电网结构标准化模型

一方面,220kV 电网对输配电网起着承上启下的重要作用,其电网结构规划十分重要;另一方面,由于影响 220kV 电网结构发展的因素较多,其电网结构规划又显得十分复杂。当前,在我国负荷密度较高的大城市,220kV 电网功能已由传统的输送电能的输电网转变为主要作用为分配电能的高压配电网;但在负荷密度较低的城镇和广大乡村地区,220kV 电网仍然是骨干输电网。[3]

(1)单座 220kV 站点供电典型结构

为满足可靠性要求,单座 220kV 站点供电典型结构详见图 6.2。单侧上级供电电源(图 6.2 可以包括 500kV 变电站及 220kV 电厂)的单 1-1 结构必须保证双回供电电源线路不采用同塔双回架设才能满足可靠性要求。若将双侧供电电源的双 1-1 结构中 X、Y 两供电电源作为一个供电电源,即形成单 1-1 结构。

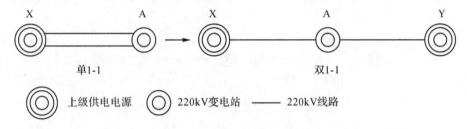

图 6.2　单座站点供电结构示意

(2)2 座 220kV 站点供电典型结构

为满足可靠性要求,2 座 220kV 站点供电典型结构详见图 6.3。根据站点负荷假设,若 A、B 站终期负荷水平均为 350MW,则单 2-1 和双 2-1 结构中 X-A、X-B 线路均需采用 $2 \times 630 mm^2$ 截面导线;单 2-2 和双 2-2 结构中 X=A 双回线不采用同塔双回架设,导线截面可选择 $2 \times 300 mm^2$ 以上导线。

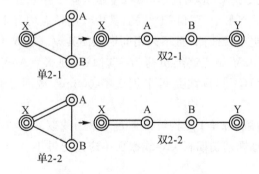

图 6.3　2 座站点供电结构示意

(3)3 座 220kV 站点供电典型结构

为满足可靠性要求,3 座 220kV 站点供电典型结构详见图 6.4。根据 220kV 电网结构应遵循简单可靠的原则,单 3-1、单 3-2 和单 3-3 三种结构中推荐选用单 3-1;双 3-1、双

3-2 和双 3-3 三种结构中推荐选用双 3-2；双 3-4 和双 3-5 两种结构是根据变电站的不同分布推荐的另两种双电源供 3 座 220kV 变电站的典型结构。

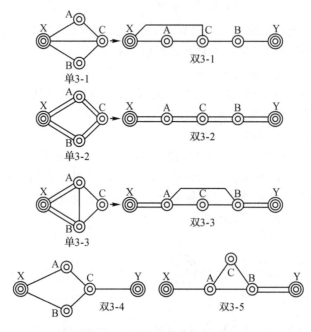

图 6.4　3 座站点供电结构示意

（4）4 座 220kV 站点供电典型结构

4 座及以上变电站可以根据变电站分布情况采用 1～3 座变电站典型结构进行"积木"组合。图 6.5 中分别给出了 4 种通过 1～3 座变电站典型结构为"积木单元"来构建 4 座变电站供电网络结构的示例。单 4-1 结构通过 2 个单 2-2 结构构建；双 4-1 结构通过 2 个双 2-2 结构构建；单 4-2 结构分别通过单 1-1 和单 3-1 结构构建；双 4-2 结构分别通过双 1-1 和双 3-5 结构构建。图 6.6 分别给出了三种由 4 座变电站供电的特有结构。双 4-3 结构中 4 座站点形成了"C"形结构，其中每座站点有 1 路来自上级电源的供电电源线路；双 4-4 结构中 4 座站点形成了"口"形结构，其中 3 座站点均有来自上级电源的供电电源线路，D 站有 2 回供电电源线路，且不采用同塔双回架设。若双 4-5 结构中线路均采用同塔双回架设，单座 220kV 站点终期负荷为 350MW，则 X＝A，Y＝D 线路可采用 $2\times630mm^2$ 截面导线，A＝B，C＝D 线路可采用 $2\times400mm^2$ 截面导线，B＝C 线路可采用 $2\times300mm^2$ 截面导线。

根据电网的发展过程，双 1-1 结构可以通过双 2-1 或双 2-2 结构、双 3-2 结构逐步发展为双 4-5 结构，要注意规划初期相关导线截面不应选得过小。

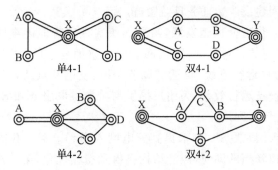

图 6.5　4 座站点供电"积木"组合结构示意

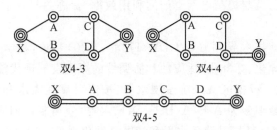

图 6.6　4 座站点供电特有结构示意

6.3　配电网结构标准化模型

配电网是指从电源侧(输电网和发电设施)接受电能,并通过配电设施就地或逐级分配给各类用户的电力网络,是输电网和电力用户之间的连接纽带。配电网由变(配)电站(室)、开关站、架空线路、电缆等电力设施、设备组成。

6.3.1　我国配电网发展现状

配电网是电网的重要组成部分,它直接面向电力用户,承担着 99.9% 以上客户的供电服务,是改善民生、保障经济和社会发展的重要基础设施。"十三五"期间,我国配电网供电可靠性水平虽有显著提高,但整体发展水平仍较为薄弱,且城乡及区域发展水平不均衡。[4] 随着城市供电可靠性要求的不断提高、新型城镇化的深入推进,以及受到分布式电源与多元化负荷大量接入、电力体制改革等诸多外界因素的影响,配电网发展正面临着各种机遇与挑战。

(1)新型城镇化、农业现代化建设步伐加快,城乡配电网改造升级任务更加紧迫。城市地区随着高附加值、高精度制造企业等重要用户的增多,居民生活品质和电气化程度越来越高,停电造成的经济社会损失越来越大。城镇地区基础设施不断完善,农村居民电气化程度不断提高,农业现代化快速发展,县城及农村地区的生产生活用电需求正在快速增长,城乡配电网建设改造任务日益紧迫。

(2)新能源及多元化负荷快速发展,需要加快实现向智能配电网转型升级。随着分布式电源与多元化负荷的大量接入,配电网呈现出愈加复杂的"多源性"特征,迫切需要建成"源—网—荷"协调运行系统,自适应调节网络、发电及负荷,充分消纳电源出力,降低电网峰谷差,提高设备运行效率,为用户提供高质量供电服务和增值服务,实现传统配电网向智能配电网的转型升级。

(3)经济发展进入"新常态",要求提高配电网效率和效益。我国经济发展逐步转入"新常态",在经济增速降档的同时,经济结构将得到持续优化,第三产业增加值比重持续高出第二产业。用电结构和负荷特性发生显著变化,要求配电网既要满足全面建设小康社会所需的刚性投入,又要提高电网资产的利用效率,提高差异化适应能力,服务产业布局调整与转型升级。

《配电网规划设计技术导则》(Q/GDW 1738—2020)要求,科学划分供电区域,明确可靠性目标,按照差异化、标准化、适应性和协调性的原则发展现代配电网。

一是差异化原则。根据区域经济发展水平,按照可靠性需求和负荷重要程度,辅以负荷密度,将供电区域细分为 A+、A、B、C、D、E 六类,分类制定相应的建设标准和发展重点。A+、A类供电区域提升装备水平和配电自动化水平,满足国际化大都市高可靠性用电需求;B、C类供电区域完善配电网结构,提高转带互供能力;D、E类供电区域适度新增变电站布点,解决县域电网联系薄弱、孤网运行问题,满足基本用电需求。

二是标准化原则。坚持统一规划、统一标准,实现配电网规划分析的"四统一"(统一方法、统一模型、统一工具、统一数据),推行模块化设计和标准化建设,实现网架结构规范化,设备选型序列化。

三是适应性原则。满足我国经济社会发展对用电的需求,适应城镇化发展和产业结构调整对配电网的要求,适应分布式电源高渗透率接入及用电需求多元化的趋势。

四是协调性原则。坚持发展需求与投资能力、主网与配网、建设与改造、配网发展与用户接入、一次网架设备与配电自动化相协调;坚持配电网发展与外部环境、电价政策,公用资源与用户资源相协调。

由于配电网涉及高压配电线路和变电站、中压配电线路和配电变压器、低压配电线路、用户和分布式电源等四个紧密关联的部分,遵循系统规划的理念,应将配电网作为一个整体系统规划,以满足各部分间的协调配合、空间上的优化布局和时间上的合理过渡。高压、中压和低压配电网三个层级应相互匹配、强简有序、相互支援,以实现配电网技术经济的整体最优。配电网规划时应合理配置电网常开点、常闭点、负荷点、电源接入点等拓扑结构,以保证运行的灵活性。

我国地域辽阔,东西部之间、城乡之间经济发展水平不平衡,南北方之间环境和气候差别大。由于发展阶段、用电结构与用电需求的不同,各地配电网在建设标准、空间资源、政策环境、规划理念等方面存在诸多差异。现行配电网规划设计标准难以适应客观存在的差异化需求,也难以适应建设结构合理、技术先进、灵活可靠、经济高效的现代配电网的需要。

《配电网规划设计技术导则》统筹各地配电网协调发展,按供电可靠性需求和负荷重要性程度,辅以负荷密度,将供电区域进行细分(见表 6.1)。其中,A+类供电区域主要为直辖市的市中心区以及省会城市(计划单列市)的高负荷密度区;A 类供电区域主要为省会城市(计划单列市)的市中心区、直辖市的市区以及地级市的高负荷密度区;B 类供电区域主要为地级市的市中心区、省会城市(计划单列市)的市区,以及经济发达的县城;C 类供电区域主要为县城、地级市的市区以及经济发达的中心城镇;D 类供电区域主要为县城、城镇以外的乡村、农林场;E 类供电区域主要为人烟稀少的农牧区。

表 6.1　供电区域划分

供电区域		A+	A	B	C	D	E
行政级别	直辖市	市中心区域或 $\sigma \geqslant 30$	市区或 $15 \leqslant \sigma < 30$	市区或 $6 \leqslant \sigma < 15$	城镇或 $1 \leqslant \sigma < 6$	乡村或 $0.1 \leqslant \sigma < 1$	—
	省会城市(计划单列市)	$\sigma \geqslant 30$	市中心区域或 $15 \leqslant \sigma < 30$	市区或 $6 \leqslant \sigma < 15$	城镇或 $1 \leqslant \sigma < 6$	乡村或 $0.1 \leqslant \sigma < 1$	—
	地级市	—	$\sigma \geqslant 15$	市中心区域或 $6 \leqslant \sigma < 15$	市区、城镇或 $1 \leqslant \sigma < 6$	乡村或 $0.1 \leqslant \sigma < 1$	牧区
	县	—	—	$\sigma \geqslant 6$	城镇或 $1 \leqslant \sigma < 6$	乡村或 $0.1 \leqslant \sigma < 1$	牧区

注:σ 为供电区域的负荷密度(MW/km^2)。

各类供电区域高压配电网可采用表 6.2 推荐的电网结构。

表 6.2　高压配电网目标电网结构推荐

供电区域类型	推荐电网结构
A+、A、B 类	宜采用链式结构,上级电源点不足时可采用双环网结构,在上级电网较为坚强且中压配电网具有较强的站间转供能力时,也可采用双辐射结构
C 类	宜采用链式、环网结构,也可采用双辐射结构
D 类	可采用单辐射结构,有条件的地区也可采用双辐射或环网结构
E 类	可采用单辐射结构

各类供电区域中压配电网可采用表 6.3 推荐的电网结构。

表 6.3　中压配电网目标电网结构推荐

供电区域类型	推荐电网结构
A+、A 类	电缆网:双环式、单环式、n 供一备($2 \leqslant n \leqslant 4$) 架空网:多分段适度联络
B 类	架空网:多分段适度联络 电缆网:单环式、n 供一备($2 \leqslant n \leqslant 4$)
C 类	架空网:多分段适度联络 电缆网:单环式

续　表

供电区域类型	推荐电网结构
D类	架空网:多分段适度联络、辐射状
E类	架空网:辐射状

考虑运行安全性因素,低压配电网结构应简单安全,一般采用辐射式结构。低压配电网应以配电站供电范围实行分区供电。低压架空线路可与中压架空线路同杆架设,但不应跨越中压分段开关区域,主要考虑到低压架空线路一旦跨越中压分段开关区域,将会对线路隔离段检修过程中的人身安全产生不利影响。[5]

6.3.2　不同电压等级的配电网规划

6.3.2.1　电能质量要求

(1)供电电压偏差的限值

配电网规划要保证网络中各节点满足电压损失及其分配要求,各类用户受电电压质量应符合我国国家标准《电能质量 供电电压偏差》(GB/T 12325—2008)的相关要求。各电压等级供电电压偏差应符合下列规定。

①35kV 及以上供电电压正、负偏差绝对值之和不超过标准电压的 10%。

②20kV 及以下三相供电电压允许偏差为标准电压的 ±7%。

③220V 单相供电电压偏差为标准电压的 +7%,−10%。

④对供电点短路容量较小、供电距离较长以及对供电电压偏差有特殊要求的用户,由供、用电双方协议确定。

(2)三相电压不平衡度

电力系统公共连接点正常电压不平衡度允许值为 2%,短时不得超过 4%;接于公共连接点的每个用户,引起该点正常电压不平衡度允许值一般为 1.3%。

(3)电压波动和闪变

我国国家标准《电能质量 电压波动和闪变》(GB/T12326—2008)中对各级电压在一定频度范围内的电压波动限值做了规定,如表 6.4 所示。

表 6.4　各级电网电压波动限值

变动频率 r/ (次/h)	波动限制 d/%	
	110(66)、35、10(20)kV	380/220V
$r \leqslant 1$	4	3
$1 \leqslant r \leqslant 10$	3	2.5
$10 \leqslant r \leqslant 100$	2	1.5
$100 \leqslant r \leqslant 1000$	1.25	1

（4）谐波电压

各级电网谐波电压含有率允许值见表 6.5。

表 6.5　公用配电系统谐波电压（相电压）的允许值

供电电压等级/kV	谐波电压畸变率总极限值	不同谐波电压畸变率极限值	
		奇次	偶次
0.38	5.0	4.0	2.0
6～10	4.0	3.2	1.6
33～63	3.0	2.1	1.2
110	2.0	1.6	0.8

（5）电压损失

各级城网的电压损失应按具体情况计算，并规定各级电压的允许电压损失值的范围，一般情况可参考表 6.6 所列数值。

表 6.6　各级电压城网的电压损失分配

城网电压	电压损失分配值/%	
	变压器	线路
220kV 及以上	<2	<3
110kV、66kV	2～5	4.5～7.5
35kV	2～4.5	2.5～5
20kV、10kV 及以下	2～4	8～10
其中：20kV 或 10kV 线路		2～4
配电变压器	2～4	
低压线路（包括接户线）		4～6

中、低压配电网的供电半径应满足末端电压质量的要求，中压配电线路电压损失不宜超过 4%，低压配电线路电压损失不宜超过 6%。

各级农网的电压损失应按具体情况计算，并规定各级电压的允许电压损失值的范围，一般情况可参考表 6.7 所列数值。

表 6.7　农网各级线路电压损耗控制值

线路电压/kV	110	66	35	10		0.38/0.22
				(66～110)/10	35/10	
电压损耗/%	4.5～7	4.5～7	2～4	3～6	2～5	<7

注：当负荷密度≥150kW/km² 时，电压损耗取低限。

6.3.2.2 配电网规划编制技术要求

(1)配电网规划年限

配电网规划年限应与国民经济和社会发展规划的年限相一致,一般可分为近期(近5年)、中期(5~10年)、远期(15年及以上)三个阶段,遵循以近期为基础,以远期为指导,并建立逐年滚动工作机制。

(2)配电网规划各规划期要求

近期规划应着力解决当前配电网存在的主要问题,提高供电能力和可靠性,满足负荷需要,并依据近期规划编制年度项目计划。高压配电网一般给出规划期内网架规划和分年度新建与改造项目;中压配电网应根据目标网架,给出近两年的新建、改造方案与项目,并提出规划期内建设规模和投资规模。

中期规划应考虑电网远景发展,确定配电网中期目标,指导近期规划建设,制订近期配电网向目标网架的过渡方案。

远期规划应侧重于战略性研究和展望,主要考虑配电网的长远发展目标,根据饱和负荷水平的预测结果,确定配电网发展需求,预留高压变电站站址,高、中压线路廊道。

(3)配电网规划依据

配电网规划的主要依据文件包括本地区统计年鉴、国民经济和社会发展规划、城乡总体规划、土地利用总体规划,电网运行、统计基础数据,上级电网规划成果,相关的法律、法规、导则和技术原则,以及其他与配电网规划有关的资料。

(4)配电网规划滚动

滚动规划是适应城乡经济社会发展的需要对配电网规划的调整。有下列情况之一,应视需要对配电网规划目标、结构和建设方案等进行修改。

①城乡发展规划发生调整或修改后。

②上级电网规划发生调整或修改后。

③接入配电网的电源规划发生调整或修改后。

④预测负荷水平有较大变动时。

⑤电网技术有较大发展时。

(5)配电网规划的主要内容

配电网规划总报告应涵盖城农网口径、一二次相关专业,可细分为城网规划、农网规划、配电自动化规划、配电通信网规划。在总报告基础上,重点开展以下九项专题研究:配电网现状分析、供电区域划分、配电网负荷预测、电动汽车及分布式电源接入研究、目标网架研究、配电自动化规划方案研究、可靠性及其投资敏感性分析、技术经济比较、配电通信网规划方案研究。

(6)配电网规划设计的流程

配电网规划设计工作的主要步骤包括:所需资料及历史数据收集;现状电网评估;负荷预测及供电区域划分;确定规划目标及技术原则;规划设计方案制订;分析计算及技术经济比选;投资估算及经济分析;规划报告编制。

（7）年最大负荷

年最大负荷是一年内整点负荷最大值。在对现状城网容载比进行评价时，最大负荷可采用年最大负荷或数个日高峰负荷的平均值。

（8）网供负荷

网供负荷是指同一电压等级公用变压器所供负荷，一般分电压等级计算。

（9）饱和负荷

区域经济社会水平发展到一定阶段后，电力消费增长趋缓，总体上保持相对稳定（连续 5 年负荷增速小于 2%，或电量增速小于 1%），负荷呈现饱和状态，此时的负荷为该区域的饱和负荷。

（10）负荷发展特性曲线

描述一定区域内（一般小于 $5km^2$）负荷所处的发展阶段（慢速增长初期、快速增长期以及缓慢增长饱和期）的曲线，也称为负荷发展 S 形曲线。

（11）负荷预测

电力负荷预测是配电网规划设计的基础和重要组成部分，通过分析现行电网的电量、负荷及负荷特性，预测规划期内的用电量和最大负荷，为配电网建设方案提供依据。负荷预测通常采用不同预测方法（宜以 2～3 种方法为主，其他几种方法校验）进行预测计算，对于不同预测结果，根据外部边界条件分别制订高、中、低预测方案，以其中一种方案为推荐结果。负荷预测主要内容包括电量需求预测、负荷特性参数分析、电力需求预测、分电压等级网供负荷预测和空间负荷预测。

阶段划分负荷预测应分期进行，分为近期、中期和远期预测。近期预测为 5 年，一般需列出逐年预测结果，为变（配）电设备增容规划提供依据；中期预测为 5～15 年，一般需列出规划水平年的预测结果，为阶段性的网络规划方案提供依据；远期预测为 15 年及以上，一般需侧重饱和负荷预测，提出高压变电站站址和高、中压线路廊道等电力设施布局规划。

（12）电量需求预测

电量需求预测是一段时间内电力系统的负荷消耗电能总量的预报。常用的预测方法包括电力弹性系数法、用电单耗法、分部门预测法、人均电量法、平均增长率法、线性增长趋势法、指数曲线增长趋势法等。

（13）电力负荷预测

电力负荷预测是对某一时段内最大负荷的预报，又称最大负荷预测。电力负荷预测可以单独进行，如采用平均增长率法，也可以根据电量预测结果计算电力负荷预测值，如采用最大负荷利用小时数法。对于配电网，由于能够较好地掌握用户及报装信息，因此也可以考虑采用需用系数法、业扩工询法、业扩量对比法等进行预测。

（14）电力平衡

电力平衡是确定规划水平年新增变电容量规模的主要依据。电力平衡应分区、分电压等级、分年度进行，并考虑各类新能源、电动汽车、储能装置等的影响。分电压等级电力平衡应结合负荷预测结果和现有变电容量，确定该电压等级所需新增的变电容量。

(15)容载比

容载比是某一供电区域,变电设备总容量与对应的总负荷的比值。合理的容载比与恰当的网架结构相结合,对于故障时负荷的有序转移,保障供电可靠性,以及适应负荷增长需求等都是至关重要的。同一供电区域容载比应按电压等级分层计算,但对于区域较大,区域内负荷发展水平极度不平衡的地区,也可分区、分电压等级计算容载比。计算各电压等级的容载比时,该电压等级发电厂的升压变压容量及直供负荷不应计入,该电压等级用户专用变电站的变压器容量和负荷也应扣除,另外,部分区域之间仅进行故障时功率交换的联络变压器容量,如有必要也应扣除。

容载比与变电站的布点位置、数量、相互转供能力有关,即与电网结构有关,容载比的确定要考虑负荷分散系数、平均功率因数、变压器运行率、储备系数等复杂因素的影响,在工程中可采用实用的方法估算容载比,公式如下:

$$R_S = \frac{\sum S_{ei}}{P_{max}}$$
6.1

式中,R_S 为容载比(MVA/MW);P_{max} 为该电压等级全网或供电区的年网供最大负荷;$\sum S_{ei}$ 为该电压等级全网或供电区内公用变电站主变容量之和。

(16)容载比的合理范围

对于区域较大、负荷发展水平极度不平衡、负荷特性差异较大、分区最大负荷出现在不同季节的地区,可分区计算容载比。

根据规划区域的经济增长和社会发展的不同阶段,对应的配电网负荷增长速度可分为较慢、中等、较快三种情况,相应电压等级配电网的容载比如表 6.8 所示,总体宜控制在 1.8~2.2 之间。

表 6.8 110~35kV 电网容载比选择范围

负荷增长情况	较慢增长	中等增长	较快增长
年负荷平均增长率(K_p)	$K_p \leq 7\%$	$7\% < K_p \leq 12\%$	$K_p > 12\%$
110~35kV 容载比(建议值)	18~20	19~21	20~22

对处于负荷发展初期以及负荷快速发展期的地区、重点开发区或负荷较为分散的偏远地区,可适当提高容载比的取值;对于网络发展完善(负荷发展已进入饱和期)或规划期内负荷明确的地区,在满足用电需求和可靠性要求的前提下,可以适当降低容载比的取值。

城网作为城市的重要基础设施,应适度超前发展,以满足城市经济增长和社会发展的需要。保障城网安全可靠和满足负荷有序增长,是确定城网容载比时所要考虑的重要因素。根据经济增长和社会发展的不同阶段,对应的城网负荷增长速度可分为较慢、中等、较快三种情况,相应的各电压等级城网的容载比如表 6.9 所示,宜控制在 1.5~2.2 之间。

表 6.9　各电压等级城网容载比选择范围

负荷增长情况	较慢增长	中等增长	较快增长
年负荷平均增长率(K_p)	$K_p \leqslant 7\%$	$7\% < K_p \leqslant 12\%$	$K_p > 12\%$
500kV 及以上	1.5～1.8	1.6～1.9	1.7～2.0
220～330kV	1.6～1.9	1.7～2.0	1.3～2.1

(17)供电半径

供电半径即变电站供电半径,是指变电站供电范围的几何中心到边界的平均值。

10kV 及以下线路的供电半径,是指从变电站(配电变压器)低压侧出线到其供电的最远负荷点之间的线路长度。10kV 线路供电半径应满足末端电压质量的要求。原则上 A+、A、B 类供电区域供电半径不宜超过 3km;C 类不宜超过 5km;D 类不宜超过 15km;E 类供电区域供电半径应根据需要经计算确定。

380/220V 线路应有明确的供电范围,供电半径应满足末端电压质量的要求。原则上 A+、A 类供电区域供电半径不宜超过 150m,B 类不宜超过 250m,C 类不宜超过 400m,D 类不宜超过 500m,E 类供电区域供电半径应根据需要经计算确定。

110kV 和 66kV 高压配电网的供电半径分别不宜大于 120km 和 80km。

35kV 高压配电网合理供电半径推荐值见表 6.10。

表 6.10　35kV 高压配电网合理供电半径推荐值

负荷密度/(kW/km²)	10	30	50	100	250	500	1000 及以上
供电半径/km	28	20	16	12	8.5	7	5

中压配电网合理供电半径推荐值见表 6.11。

表 6.11　中压配电网合理供电半径推荐值

变电层次	下列负荷密度(kW/km²)时合理供电半径(km)						
	10	30	50	100	250	500	1000 及以上
110kV/10kV 66kV/10kV	16	12	10	8～9	6	5	≤4.0
110kV/35kV/10kV	11	8	7	5	4	3	≤2.5
110kV/20kV 66kV/20kV	23	16	14	11	7	5.5	≤4.5

低压配电网合理供电半径推荐值见表 6.12 和表 6.13。

表 6.12　380V 三相低压配电网合理供电半径推荐值

村镇用电设备容量密度/kW/km²		<200	200~400	400~1000	>1000
380V 三相低压配电网合理供电半径/km	平地村落	0.7~1.0	<0.7	<0.5	<0.4
	山区村落	0.8~1.5	<0.7	<0.5	—

注:用电设备容量密度等于供电区用电设备额定总量和与供电范围之比。

表 6.13　440V/220V 单相低压配电网合理供电半径推荐值

村镇用电设备容量密度/kW/km²		50	200	300	500	1000
440V/220V 三相低压配电网合理供电半径/km	平地村落	0.9	0.6	0.5	0.4	<0.4
	山区村落	0.8~1.5	<0.7	—	<0.5	—

注:用电设备容量密度等于供电区用电设备额定总量和与供电范围之比。

(18)电网结构基本要求

合理的电网结构是满足供电可靠性、提高运行灵活性、降低网络损耗的基础。高压、中压和低压配电网三个层级应相互匹配、强简有序、相互支援,以实现配电网技术经济的整体最优。A+、A、B、C 类供电区的配电网结构应满足以下基本要求。

①正常运行时,各变电站应有相互独立的供电区域,供电区不交叉、不重叠,故障或检修时,变电站之间应有一定比例的负荷转供能力。

②在同一供电区域内,变电站中压出线长度及所带负荷宜均衡,应有合理的分段和联络;故障或检修时,中压线路应具有转供非停运段负荷的能力。

③接入一定容量的分布式电源时,应合理选择接入点,控制短路电流及电压水平。

④高可靠性的配电网结构应具备网络重构能力,便于实现故障自动隔离。D、E 类供电区的配电网以满足基本用电需求为主,可采用辐射状结构。

(19)网络接线

网络接线需符合下列规定:应满足供电可靠性和运行灵活性的要求;应根据负荷密度与负荷重要程度确定;应与上一级电网和地区电源的布点相协调;应能满足长远发展和近期过渡的需要;应尽量减少网络接线模式;下级网络应能支持上级网络。

(20)配电网结构形式

配电网的拓扑结构包括常开点、常闭点、负荷点、电源接入点等,在规划时需合理配置,以保证运行的灵活性。各电压等级配电网的主要结构如下。

①高压配电网结构主要有:链式、环网和辐射状结构;变电站接入方式主要有:T 接和 π 接。

②中压配电网结构主要有:双环式、单环式、多分段适度联络和辐射状结构。

③低压配电网宜采用辐射状结构。

(21)高压配电网结构

高压配电网常见的接线方式有链式、支接型、辐射式等,接线方式选择应符合下列规定。

①在中心城区或高负荷密度的工业园区,宜采用链式、3 支接接线。

②在一般城区或城市郊区,宜采用 2 支接、3 支接接线或辐射式接线。

③经济发达和较发达县(市)的县城电力网的 110～35kV 配电网应采用有备用的接线方式,变电站由单电源不同母线引出的双回路线路供电(简称双回路供电)或由双电源分别引出的单回路线路供电(简称双电源供电)。

④经济发达和较发达县(市)的乡村电力网,其 110～66kV 配电网变电站应采用双回路供电或双电源供电,其 35kV 电网采用环式接线开环运行的接线方式。

⑤经济欠发达县的高压配电网可采用单电源、放射式接线方式,但应考虑有发展为环形接线、开环运行的可能性。采用放射式接线时,每条高压配电线路上的变电站不宜超过 2 个。

(22)中压配电网结构

中压配电网由 10kV 或 20kV 线路、配电室、开关站,箱式配电室,杆架变压器等组成,主要为分布面广的公用电网。中压配电网的规划应符合以下原则。

①中压配电网应依据高压配电变电站的位置、负荷密度和运行管理的需要,分布分成若干个相对独立的分区配电网。分区配电网应有大致明确的供电范围,一般不交错重叠,分区配电网的供电范围应随新增加的变电站及负荷的增长而进行调整。

②变电站中压出线开关因故停用时,应能通过中压配电网转移负荷,对用户不停电。

③变电站之间的中压环网应有足够的联络容量,正常时开环运行,异常时能转移负荷。

④严格控制专用线和不带负荷的联络线,以节约走廊资源和提高设备利用率。

⑤中压配电网应有较强的适应性,主干线导线截面宜按规划一次选定,在不能满足负荷发展需要时,可增加新的中压供电馈线或建设新的变电站,并为新的变电站划分新的供电分区。

⑥经济发达、较发达县(市),其县城电力网的中压配电网应采用环网接线开环运行的接线方式。变电站之间中压环网应有足够的联络容量,异常时能转移负荷。变电站出线断路器因故停用时,应能转移负荷,对用户不停电。

⑦经济发达或较发达县(市)的乡村电力网的中压配电网在负荷密度高的供电区宜采用环网接线开环运行的接线方式。

⑧经济欠发达地区县城电力网、乡村电力网的中压配电网可采用单电源放射干线式接线方式。

(23)低压配电网结构

低压配电网网络规划应结合上级网络,以结构简单、安全可靠为原则,满足供电能力和电能质量的要求,其基本原则如下。

①低压配电网应实行分区供电的原则,低压线路应有明确的供电范围。

②低压配电网应有较强的适应性,主干线宜一次建成,在不能满足需要时,可新增配电变压器布点。

③低压配电网应接线简单、操作方便、运行安全,具有一定的灵活性。

(24)转供能力

某一供电区域内,当电网元件或变电站发生停运时,电网转移负荷的能力,一般量化为可转移的负荷占该区域总负荷的比例。

转供能力主要取决于正常运行时的变压器容量裕度、线路容量裕度、中压主干线的合理分段数和联络情况等。

(25)无功补偿

配电网规划需保证有功和无功的协调,电力系统配置的无功补偿装置应在系统有功负荷高峰和负荷低谷运行方式下,保证分(电压)层和分(供电)区的无功平衡。变电站、线路和配电台区的无功设备应协调配合,按以下原则进行无功补偿配置。

①无功补偿装置应按就地平衡和便于调整电压的原则进行配置,可采用变电站集中补偿和分散就地补偿相结合、电网补偿与用户补偿相结合、高压补偿与低压补偿相结合等方式。接近用电端的分散补偿装置主要用于提高功率因数,降低线路损耗;集中安装在变电站内的无功补偿装置主要用于控制电压水平。

②应从系统角度考虑无功补偿装置的优化配置,以利于全网无功补偿装置的优化投切。

③变电站无功补偿配置应与变压器分接头的选择相配合,以保证电压质量和系统无功平衡。

④对于电缆化率较高的地区,必要时应考虑配置适当容量的感性无功补偿装置。

⑤大用户应按照电力系统有关电力用户功率因数的要求配置无功补偿装置,并不得向系统倒送无功。

⑥在配置无功补偿装置时应考虑谐波治理措施。

⑦分布式电源接入电网后,原则上不应从电网吸收无功,否则需配置合理的无功补偿装置。

110～35kV电网应根据网络结构、电缆所占比例、主变负载率、负荷侧功率因数等条件,经计算确定无功配置方案。有条件的地区,可开展无功优化计算,寻求满足一定目标条件(无功设备费用最小、网损最小等)的最优配置方案。

110～35kV变电站一般宜在变压器低压侧配置自动投切或动态连续调节无功补偿装置,使变压器高压侧的功率因数在高峰负荷时达到0.95及以上,无功补偿装置总容量应经计算确定,对于分组投切的电容器,可根据低谷负荷确定电容器的单组容量,以避免投切振荡。

配电变压器的无功补偿装置容量应依据变压器的最大负载率、负荷自然功率因数等进行配置。

在供电距离远、功率因数低的10kV架空线路上可适当安装无功补偿装置,其容量应经过计算确定,且不宜在低谷负荷时向系统倒送无功。

(26)电压调整方式

配电网应有足够的电压调节能力,将电压维持在规定范围内,主要有下列方式。

①通过配置无功补偿装置进行电压调节。

②选用有载或无载调压变压器,通过改变分接头进行电压调节。

③通过线路调压器进行电压调节。

(27)中性点接地方式

中性点接地方式对供电可靠性、人身安全、设备绝缘水平及继电保护方式等有直接影响。配电网应综合考虑可靠性与经济性,选择合理的中性点接地方式。同一区域内宜统一中性点接地方式,以利于负荷转供;中性点接地方式不同的配电网应避免互带负荷。

中性点接地方式一般可分为直接接地方式和非直接接地方式两大类,非直接接地方式又分不接地、消弧线圈接地和阻性接地。

①110kV 系统宜采用直接接地方式。

②66kV 系统宜采用经消弧线圈接地方式。

③35kV、10kV 系统可采用不接地、消弧线圈接地或低电阻接地方式。

35kV 架空网宜采用中性点经消弧线圈接地方式;35kV 电缆网宜采用中性点经低电阻接地方式,宜将接地电流控制在 1000A 以下。

10kV 配电网中性点接地方式的选择应遵循以下原则。

①单相接地故障电容电流在 10A 及以下,宜采用中性点不接地方式。

②单相接地故障电容电流超过 10A 且小于 150A,宜采用中性点经消弧线圈接地方式。

③单相接地故障电容电流达到 150A 及以上,宜采用中性点经低电阻接地方式,并应将接地电流控制在 150~800A 范围内。

10kV 电缆和架空混合型配电网,如采用中性点经低电阻接地方式,应采取以下措施。

①提高架空线路绝缘化程度,降低单相接地跳闸次数。

②完善线路分段和联络,提高负荷转供能力。

③降低配电网设备、设施的接地电阻,将单相接地时的跨步电压和接触电压控制在规定范围内。

380/220V 配电网主要采用 TN、TT、IT 接地方式,其中 TN 接地方式主要采用 TN-C-S、TN-S。用户应根据用电特性、环境条件或特殊要求等具体情况,正确选择接地系统。

6.3.3　110kV 配电网结构标准化模型

合理的电网结构是满足供电可靠性、提高运行灵活性、降低网络损耗的基础。配电网规划时应合理配置电网常开点、常闭点、负荷点、电源接入点等拓扑结构,以保证运行的灵活性。由于配电网涉及高压配电线路和配电变电站、中压配电线路和配电变压器、低压配电线路、用户和分布式电源等四个紧密关联的部分,遵循系统规划的理念,《配电网规划设计技术导则》在基本规定中提出"应将配电网作为一个整体系统规划,以满足各部分间的协调配合、空间上的优化布局和时间上的合理过渡"。高压、中压和低压配电网三个层级应相互匹配、强简有序、相互支援,以实现配电网技术经济的整体最优。110~35kV 供电区域高压配电网可采用表 6.14 推荐的电网结构。

表 6.14　110～35kV 电网目标电网结构推荐

电压等级	供电区域类型	链式			环网		辐射	
		三链	双链	单链	双环网	单环网	双辐射	单辐射
110(66)kV	A+、A类	✓	✓	✓	✓		✓	
	B类	✓	✓	✓	✓		✓	
	C类	✓	✓	✓	✓	✓	✓	
	D类						✓	✓
	E类							✓
35kV	A+、A类	✓	✓	✓	✓		✓	
	B类		✓	✓			✓	
	C类		✓	✓			✓	
	D类						✓	✓
	E类							✓

注 1:A+、A、B 类供电区域供电安全水平要求高,110～35kV 电网宜采用链式结构,上级电源点不足时可采用双环网结构,在上级电网较为坚强且 10kV 具有较强的站间转供能力时,也可采用双辐射结构。

注 2:C 类供电区域供电安全水平要求较高,110～35kV 电网宜采用链式、环网结构,也可采用双辐射结构。

注 3:D 类供电区域 110～35kV 电网可采用单辐射结构,有条件的地区也可采用双辐射或环网结构。

注 4:E 类供电区域 110～35kV 电网一般可采用单辐射结构。

110kV 配电网结构主要有链式、环网和辐射状结构,链式结构根据变电站接入方式的不同分为 T 接、π接、πT 混合接线(见图 6.7)。城区一般采用链式结构,对于上级电源布点不足的区域可采用环网及辐射状结构。国内普遍采用链式 πT 混合结构,变电站主接线为内桥+线变组。

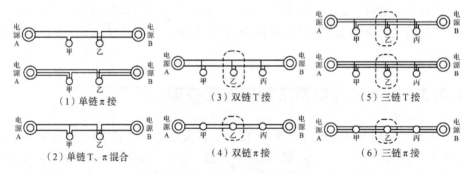

（1）单链π接　　（3）双链T接　　（5）三链T接
（2）单链T、π混合　　（4）双链π接　　（6）三链π接

图 6.7　链式结构接入方式

每个城市电网的 110kV 变电站主接线模式都有其自身的历史沿袭性,与城市电网装备特点密不可分。对于负荷密度较高、土地资源稀缺的大型城市,多采用占地面积较小的线变组单元接线;从节省投资角度出发,有些也采用内桥+线变组接线。不同的接线模式有其各自的特点,不存在绝对的优劣。链式 πT 接线在实际运行中存在一些问题。近年来,部分供电企业提出将内桥接线改为单母分段接线,形成链式 π 接网架结构,提高其运行灵活性、供电可靠性及可扩展性。[6]

为满足城市中心区电力负荷增长及高可靠性的需求,同时保证工程实施的可行性和经济性,文献[7]提出一种适用于城市中心区的110kV电网结构,如图6.8所示,其主要实施前提和基础为:区域内具备坚强的上级电网,中压配电网具备极强的负荷转移能力。

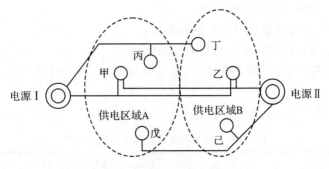

图6.8 链式、辐射混合模式

将110kV电网设计为链式、辐射混合结构,其中链式结构中的变电站为具备多台主变、多条高压进线的110kV变电站(一般为现有110kV变电站,占地面积大),辐射结构中变电站一般为单台主变、单条进线的110kV变电站(占地面积小,一般占地0.1公顷左右即可,因此站址选择范围较为灵活)。一条110kV线路可"T"接多台变压器(可以"T"接2~3台,甚至4台变压器),但这些变压器应分别在不同的主供电区域,即当该线路故障或检修停运时,同时停运的变压器分布在不同的供电区域。

电源Ⅰ、Ⅱ为110kV变电站的上级变电站或电厂;甲、乙、丙、丁、戊、己为6座110kV变电站,其中甲、丙、戊变电站位于供电区域A,乙、丁、己变电站位于供电区域B。甲、丙、戊之间负荷可以通过10kV线路转带,乙、丁、己之间负荷可以通过10kV线路转带。这些变电站中,甲、乙一般为普通变电站(多进线、多台变压器),而丙、丁、戊、己为单台变压器,可为"T"接不同区域的多台变压器。丙与丁变电站的电力虽然来自同一电源的同一条线路,但两站位于不同的供电区,当此线路故障或停运时,丙的负荷可以转移至甲、戊变电站,丁的负荷可以转移至乙、己变电站。戊与己变电站同理。

此110kV电网结构的主要优点如下。

①在不降低供电可靠性的前提下,可以采用单主变、单进线变电站。此类变电站占地面积小、造价低、站址选择灵活。

②在城市中心区减少地下变电站、半地下变电站的使用,节约投资。[5]

6.3.4 10kV配电网结构标准化模型

城市10kV配电网规划涉及110kV变电站、10kV馈线以及10kV配电站,内容包括110kV变电站布局设想、变电站10kV侧母线形式选择、10kV配电网规划以及10kV配变与10kV馈线连接形式等。

城市配电网的规划原则,主要应依据《城市电力网规划设计导则》(Q/GDW 156—2006)并结合城市供电的特点,从改造和加强现有配电网入手,增强10kV配电网的供电能力,加强城网的结构布局和设施标准化,提高安全可靠性,做到远近结合、新建和改造相结合,以及技术和经济上合理并切实可行。10kV 配电网规划的实行应与城市发展规划相互配合,同步实施。10kV 配电网在远期规划实施后,应达到以下水平。

(1)具有充分的供电能力,能满足用电负荷增长的需要。

(2)有功和无功容量之间比例协调。

(3)供电质量、可靠性达到规划目标的要求。

(4)建设资金和建设时间取得恰当的经济效益。

(5)设备得到更新,网络完善合理,与社会环境协调一致,技术水平达到较先进的现代化程度。

各类供电区域 10kV 配电网目标电网结构推荐如表 6.15 所示。[8]

表 6.15　10kV 配电网目标电网结构推荐

供电区域类型	推荐电网结构
A+、A 类	电缆网:双环式、单环式 架空网:多分段适度联络
B 类	架空网:多分段适度联络 电缆网:单环式
C 类	架空网:多分段适度联络 电缆网:单环式
D 类	架空网:多分段适度联络、辐射状
E 类	架空网:辐射状

中压配电网应根据变电站位置、负荷密度和运行管理的需要,分成若干个相对独立的供电区。分区应有大致明确的供电范围,正常运行时一般不交叉、不重叠,分区的供电范围应随新增加的变电站及负荷的增长而进行调整。

对于供电可靠性要求较高的区域,还应加强中压主干线路之间的联络,在分区之间构建负荷转移通道。

10kV 架空线路主干线应根据线路长度和负荷分布情况进行分段(一般不超过 5 段),并装设分段开关,重要分支线路首端亦可安装分段开关。

10kV 电缆线一般可采用环网结构,环网单元通过环进环出方式接入主干网。如开环运行的单环网是最常用的电缆网,正常时开环运行,发生故障后可通过倒闸操作恢复供电,人工操作恢复供电一般需几个小时,利用配电自动化装置,可自动操作在几秒或几分钟内恢复供电。常见的单环网正常运行时的电缆负荷率不超过 50%,为了提高电缆负荷率,并解决大量电缆出线的困难,可用一根专用备用电缆作为多根电缆的事故备用,构成备用线型的 3-1 或 4-1 环网结构,使电缆负荷率可提高至 67%～80%。为了解决大容量变电站大量出线的困难,亦可在其供电范围内设若干个开关站,用大截面电缆馈入电源,然后在各个开关站间组成单环网。

双射式、对射式可作为辐射状向单环式、双环式过渡的电网结构,适用于配电网发展初期及过渡期。

应根据城乡规划和电网规划,预留目标网架的廊道,以满足配电网发展的需要。

参考文献

[1] 吴稀西.标准化理论在《电网设施布局规划》中的应用[J].电工技术,2017(2):13-14,35.

[2] 何善瑾.试谈大区系统500kV电网远景结构[J].中国电力,2004(11):27-30.

[3] 范传光,王琬晴.220kV电网远景目标网架典型结构研究[J].湖北电力,2014(12):4-7.

[4] 赵明欣,刘伟,陈海,等.《配电网规划设计技术导则》解读[J].供用电,2016(2):2-7.

[5] 袁培辙.城市10kV配电网规划原则和电网结构[J].科技与企业,2011(8):261,263.

[6] 石智永,王国民,耿琦,等.110kV电网πT混合网架结构优化[J].发电技术,2020(4):354-360.

[7] 曹增功,孙伟,张友泉,等.一种适用于城市中心区的110kV电网结构[J].山东电力技术,2013(6):6-8,12.

[8] 国家能源局.配电网规划设计技术导则(DL/T 5729—2016)[S].2016.

第7章　新型配电网规划方法与应用实例

配电网规划,特别是城市配电网规划由于其数量庞大、面临的不确定因素众多,而一直是电网规划领域研究的重点问题。近年来兴起的主动配电网、智能电网以及能源互联网建设赋予这一领域研究更加深刻的内容和含义。[1]

在传统的配电网规划方法中,按该地区的用电行业划分,负荷一般可以分为城乡居民生活用电和国民经济行业用电,这种负荷分类方法存在如下问题:①针对配电网规划来说,按照国民经济的负荷分类方法显得太宏观,指导性不强;②与城市规划中的用地性质不能完全对应,造成城市规划与电力规划存在或多或少脱节的现象。

传统电网规划以整个规划区域为对象,对区域总负荷进行预测。随着电力系统管理的日益精细化,负荷预测也从单一的总负荷精准预测扩展为包含负荷空间分布特征信息的精准预测,由此提出了配电网网格化规划。

目前对地区进行网格规划的方法主要有两种。第一种方法主要根据国家电网公司《配电网规划设计技术导则》(Q/GDW 1738—2020)的相关标准进行规划,即以地块用电需求为导向,在中压配电网现状的基础上,依据区域控制性详细规划对不同用地性质和开发深度的地块进行归类。同时,根据各地块负荷预测结果,结合站源点位置、各地块的面积大小、负荷性质,并综合考虑河流水域、远景道路规划等条件将规划区域细分为若干个小网格,每个网格大小宜按一组标准接线的供电能力确定。每个网格应该保证满足该网格内的用户正常供电,同时留有一定的裕度,以满足日后的负荷增长需要。第二种方法主要基于分层分区的网格化划分理念,根据网格形状的规则程度进行划分。

为了满足网格划分形状的规则程度,往往会忽略供电城区的建设状况,因此对配电网的现状分析和网架结构优化方面作用不大,甚至产生了供电区域内部小区的分解度较低,变电站以及线路供电范围模糊等一系列问题。

此外,分布式电源的增加和电动汽车的发展,针对适应分布式电源接入的配电网规划和适应电动汽车充电设施接入的配电网规划,也需要新的解决方法。

7.1　电力负荷预测

电力负荷预测是电网规划的基础,传统负荷预测方法有增长曲线法、回归分析法和时间序列法。传统配电网规划以整个规划区域为对象,对总负荷进行预测,存在规划方案缺乏量化分析、目标网架的研究不够深入、与地方政府规划的衔接有待加强等一系列问题。[2] 多种新型配电网规划方法被提出,包括模糊预测法、神经网络法,以及基于双层贝叶斯分类模型、模糊理论、自适应神经模糊推理系统(Adaptive Neuro-Fuzzy Inference System,ANFIS)、最小支持向量机(Support Vector Machine,SVM)等。智能算法的出现,从本质上改善了传统方法依靠规划人员的主观经验确定负荷密度因而预测精度不高的不足,广泛应用于负荷预测之中。[3]

7.1.1　模糊预测法

模糊预测法的关键是搭建电力负荷模糊综合预测模型。基于需求响应大用户用电有功功率的分析,按照获取电力模糊预测指标、多时间负荷尺度确定及划分和预测数据综合处理的步骤,实现电力负荷模糊综合预测模型的搭建。[4]

(1)电力模糊预测指标获取

大部分电力模糊预测指标都是来源于对大用户电力消耗情况的整理分析,且随着用户耗电量的不断增加,相关指标间的制约能力也随之减弱,当用户耗电量达到额定数值 w 时,电力模糊预测指标最具获取价值,其具体计算公式如下:

$$e = \sqrt{\frac{1}{w} \sum_{q=1}^{\infty} \left| w - \frac{tr}{n_t} \right|} \qquad 7.1$$

式中,e 代表电力模糊预测指标获取结果;q 代表良性获取积分处理的下限数值;n_t 代表模糊指标的综合预测次数;t 代表指标提取参量;r 代表用户耗电行为的常性消耗系数。

(2)多时间负荷尺度的确定及划分

大用户电力模糊综合预测模型的多时间负荷尺度可在时间域中,随预测层次的变化而出现不同的时间尺度特征和局部变化特征。在大用户电力负荷预测的时间序列中,相邻序列周期具备可叠加性,且所有周期间只存在负荷尺度差异,在变化趋势上始终保持一致。在上述理论依据的支持下,设 ξ 代表大用户电力负荷预测的时间序列条件,联立式(7.1)可将多时间负荷尺度计算结果表示为:

$$\psi = \frac{1}{\xi} \sum_{i=1}^{u} \left| e^2 - A_\vartheta \right| \qquad 7.2$$

式中,u 和 i 分别代表负荷积分处理的上、下限数值;A 代表在定点 ϑ 条件下,相邻序列周期的叠加覆盖量。

(3)电力负荷预测数据的综合处理

电力负荷预测数据的综合处理是预测模型建立的末尾环节。在分布式大用户电源网络中,利用对偶内点算法计算有功用电节点需求响应参数,再将具体计算结果作为基础变量,在联立非仿射约束条件的同时,得到准确的最大有功功率二阶锥松弛度优化结果。在保证上述基础条件不变的前提下,针对每个定点单位进行电力模糊预测指标提取,在固定预测域范围内,以上述提取指标作为运算量,实现多时间负荷尺度的确定,再利用二叉分类理论,对所有尺度向量进行划分,得到初步的负荷预测结果。最后利用 Elman 分析模型,对所有电力负荷预测数据进行深入分析,得到完整的预测结果,实现基于需求响应大用户电力负荷模糊综合预测模型的建立。图 7.1 反映了完整的预测数据综合处理流程。

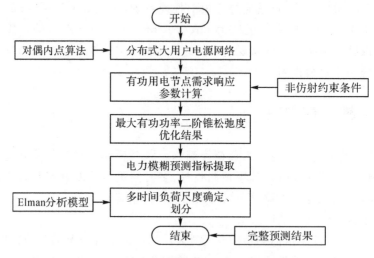

图 7.1　电力负荷预测数据综合处理流程

7.1.2　神经网络法

7.1.2.1　ANN 算法

人工神经网络(Artificial Neural Network,ANN)[5]最早应用于短期电力负荷预测是在 20 世纪 90 年代,它是近些年做负荷预测中使用最广泛的。ANN 算法的提出可以说是融合了时间序列和回归的一种算法,最主要的是 ANN 可以模拟出气象因素或者影响负荷变化的因素与负荷之间的非线性关系。ANN 算法主要预测日负荷最大值、日负荷总值和时负荷值,模型大多集中在对工作日的负荷预测。某电力公司提出的一个基于 ANN 的预测模型和一个基于回归的模型同时用于测试相同的数据,实验结果展示基于 ANN 的模型在预测日最高负荷和时负荷中都具有较高的精确度。在 ANN 模型预测中存在的问题是模型参数的确定没有完善的方法,很多都通过实验尝试法和经验来确定,缺乏直接的理论指导。

ANN 是一种模仿生物神经元结构的数学模型。由大量的节点按不同的方式连接组成不同的网络,每个节点的状态代表一种特定的输出函数即激活函数。每两个节点之间存在连接,表示它们之间信息的加权值即权重。通过不同的权重值和不同的激活值,复杂的连接形成具有巨大信息量的模型,达到信息处理的目的。

ANN 由大量的神经元互相连接而成,每个神经元可以连接到多个其他的神经元,一个神经元可以有多个输入但只能有一个输出。神经元之间的连接上都有一个权重系数。图 7.2 展示了一个神经元的结构。

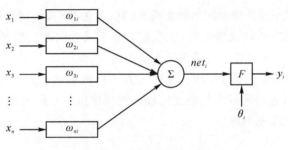

图 7.2　神经元结构示意

使用 ANN 在负荷预测时,神经网络的输入神经元对应着影响负荷值的影响因子,输入训练数据到网络中,对网络进行训练,再使用训练好的网络和预测参数值对预测负荷进行预测。模型预测过程如下。

(1)数据清洗,对输入到 ANN 模型的数据进行处理,包括对历史负荷数据、气象数据等有所缺失的数据进行处理,异常数据查错,错误数据修正以及数据归一化,保证网络训练合理、精确。

(2)输入数据,对输入网络的特征进行选择,通过分析负荷数据、气象数据、日期数据等,确定网络输入特征。

(3)确定网络模型结构,包括确定网络的输入神经元个数,激活函数的使用,确定隐含层层数和个数、输出层神经元个数。

(4)对数据进行训练集、验证集和测试集的划分。使用训练数据对网络进行训练。

(5)使用训练好的网络,将预测日的参数输入网络中进行负荷值的预测,得到预测结果。

7.1.2.2　BP 算法

BP(Error Back Propagation)神经网络是误差反向传播算法,对普通前馈型的 ANN 网络做了训练方法的改进。BP 神经网络是一种按误差反向传播训练的多层前馈网络,训练的基本思想是梯度下降法。

BP 神经网络采用监督学习的方式,误差反向传播进行学习,其结构具有一层或多层隐含层,包含输入层、隐含层和输出层。美国神经计算机专家 RobertHecht-Nielsen 证明,对于任何闭区间内的一个连续函数都可以用一个隐含层的 BP 神经网络来逼近。与传统 ANN 不同的是,使用误差反向传播的方式来训练网络和其使用的激活函数应该处处可微,因为 BP 神经网络一般使用梯度下降法来训练模型,需要激活函数处处可导,如常使用 Sigmod 函数或者双曲正切激活函数和线性函数。

BP 神经网络的权重值的大小通过对输入信息的学习进行调节,学习的数据多,网络就更聪明。理论上隐含层数增多,可以提高网络的输出精度,且网络输出值不会因个别神经元而有太大变化。BP 神经网络是一种监督式的学习算法,其主要思想是,对于输入的学习样本,已知其对应输出样本,通过网络的训练,权重值的调节,用网络的实际输出值与已知输出样本之间的误差修改其权值,使网络输出层的误差平方和达到最小。BP 神经网络的训练主要分为两个过程,即数据信息正向传播和误差信息反向传播。

基于相似日的优化 BP 神经网络的负荷预测框架在 BP 神经网络的基础上进行建模，因为 BP 神经网络能有效解决多变量、大数据量和非线性问题。但其存在大数据下收敛速度慢、随机初始化参数容易陷入局部极小值等问题，使用遗传算法得到最优遗传算子，优化 BP 神经网络的初始权值和阈值，可优化陷入局部最优值的情况，提高模型预测精度。然后使用相似日算法来找出相似度比较大的历史负荷日作为训练数据，在保证预测精度的前提下加速网络的训练。

7.1.3　考虑地域差异的空间负荷预测法

7.1.3.1　整体思路和实现流程

考虑地域差异的配电网空间负荷聚类及一体化预测方法的整体思路概述如下：首先，对不同地区、不同负荷类型的电力用户进行广泛调研，得到调研样本的用户信息和所处地区信息；其次，对调研样本的负荷分类进行校验，并对样本进行精选，以精选样本构成预测的全样本空间；再次，根据区域类型和负荷类型对全样本空间进行二级划分，得到分层级子样本空间；最后，运用支持向量机（Support Vector Machine，SVM）理论构建分类预测模型，经子样本空间匹配和参数寻优后，用于预测待测地区各地块的负荷密度。该方法的实现流程如图 7.3 所示。

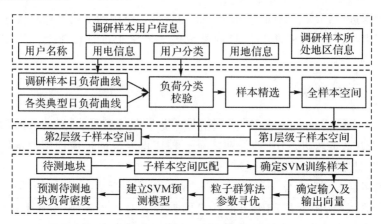

图 7.3　研究方法流程

7.1.3.2　负荷分类校验及样本精选

（1）各类典型日负荷曲线提取

日负荷曲线是反映一日内负荷随时间变化规律的曲线，可直接反映用户的用电行为。用电行为相似的用户，其日负荷曲线形态也高度相似，并呈现明显的行业聚集性，不同类型的用户其负荷曲线形态则差异较大。本节利用改进 k-means 算法对各类用户的日负荷曲线进行聚类分析，以提取其典型日负荷曲线，主要包括以下步骤。

① 从有关部门得到分属工业、居民住宅、商业（即初始分类）等 L 个类别的电力用户

的日负荷曲线,设每条日负荷曲线有 q 个量测数据,记第 i 条日负荷曲线为 y_i,$y_i = [y_{i1}, y_{i2}, \cdots, y_{iq}]$。

②利用极大值标准化方法对每条日负荷曲线进行标准化处理,去除基荷数据的影响。

③设定聚类数 k(显然 $k = L$),设定初始聚类中心为标准化处理后各类负荷曲线的中心线,以改善原始 k-means 算法因初始聚类中心随机设定易陷入局部最优的不足。

④以标准化处理后负荷曲线的每个采集点数据作为输入,以负荷曲线间的余弦相似度作为相似性量度判据,将用户分为曲线形态相似的 k 个类别,重新标记该用户分类,记作聚类分类。

⑤比较、分析各用户的初始分类与聚类分类结果,剔除分类不正确或用电行为不典型的用户后,求取各类负荷的典型日负荷曲线(标准化后同类日负荷曲线的中心线),记作 $y_l (l = 1, 2, \cdots, L)$

(2)基于典型日负荷曲线的负荷分类校验及精选

负荷分类校验的实质是量度调研样本日负荷曲线与该类典型日负荷曲线间负荷形态的相似性。当负荷形态相近但存在细微波动趋势差异时,基于余弦相似度的相似性判据比欧氏距离更能反映负荷曲线之间的相似波动特性。本节以余弦相似度为判据,对调研样本的负荷分类进行校验,并对样本进行精选。具体步骤如下:

①对所有调研样本的日负荷曲线依次进行极大值标准化处理,记标准化处理后的调研样本的日负荷曲线为 $c_t (t = 1, 2, \cdots, T)$。

②依次计算标准化处理后每个调研样本的日负荷曲线 c_t 与各类典型日负荷曲线 y_l 的余弦相似度。

$$\text{Sim}_{cos}(c_t, y_l) = \cos(c_t, y_l) = \frac{c_t y_l}{|c_t||y_l|} (l = 1, 2, \cdots, L) \qquad 7.3$$

③找出与 c_t 最相似(即与 c_t 余弦相似度最大)的典型日负荷曲线 y^*,对 c_t 标记 y^* 所属分类,记作校验分类。

④比较 c_t 的初始分类和校验分类,筛选并复核两次分类不同的样本,修正所有分类错误样本的类标签。

⑤对所有校验后的负荷样本按类进行精选,得到负荷分类正确且具备行业典型性的样本,构成预测的全样本空间。以每类样本的日负荷曲线为聚类对象,设定聚类数 $k = 2$,利用改进 k-means 算法对每类样本进行再次聚类,把元素较少的一类剔除,把元素较多的一类作为该类负荷的精选样本。

7.1.3.3　分层级子样本空间形成

基于区域类型划分的第 1 层级子样本空间负荷水平与当地经济社会发展水平、产业结构、气温气候密切相关。从以上三个角度出发,选取城镇化率、人口密度、人均用电量、人均 GDP、一产 GDP、二产 GDP、三产 GDP、一产用电量、二产用电量、三产用电量、居民生活用电量、全年平均气温、冬季平均气温、夏季平均气温等 14 项指标,对各地负荷水平进行综合评估。

基于负荷类型划分的第 2 层级子样本空间以校验后的负荷分类为依据,对第 1 层级的子样本空间进行二级划分,形成第 2 层级子样本空间,经两级划分的子样本空间可标记为区域Ⅰ型工业负荷、区域Ⅱ型商业负荷等。

7.1.3.4 基于 SVM 的空间负荷预测建模

SVM 是一种基于统计学习理论的学习方法,以结构风险最小化为准则,在处理有限样本、非线性及复杂模式识别问题等方面具有突出优势。构建 SVM 模型进行空间负荷预测的步骤如下。

(1)子样本空间匹配及训练样本确定

参照城市用地规划将待测地块划分成功能小区,根据待测地块所处地区信息(即 14 项指标)匹配第 1 层级子样本空间,根据待测地块所属负荷类型匹配第 2 层级子样本空间,找到与待测地块最相似的子样本空间,并利用该子样本空间的负荷样本作为 SVM 模型的训练样本。

(2)输入及输出向量确定

把负荷密度的影响因素作为输入向量,把负荷密度作为输出向量。

(3)核函数选取及参数寻优

以径向基核函数作为预测模型中的核函数,并利用粒子群算法对建模过程需要的惩罚参数和核参数进行寻优。将寻优后的参数输入 SVM 模型,可得到待测地块的预测负荷密度值。

7.2 配电网网格化规划

根据《国家电网公司配电网网格化规划指导原则》,配电网网格化规划是指以地块用电需求为基础、目标网架为导向,将配电网供电区域划分为若干供电网格,并进一步细化为供电单元,分层分级开展配电网规划。在网格化规划中,形成"供电区域、供电网格、供电单元"三级网络,其中供电网格是在配电网供电区域划分的基础上,衔接城乡控制性详细规划中的功能分区,统筹考虑配网建设、运维、抢修服务及管理权限边界,形成的目标网架规划管理单位。供电网格一般结合道路、河流、山丘等明显的地理形态进行划分,与城乡控制性详细规划中的功能分区相对应。在开展网格化编制的过程中,将若干个相邻的、供电区域分类等级相同或接近的、用电性质或对供电可靠性要求基本一致的地块(或用户)划分为一个网格。[6]

在社会管理和城市管理中,网格化的应用及其管理技术的推广较早,在提高政府治理能力、完善城市管理体系等方面发挥着重要作用。将网格化的理念引入配电网规划与建设中,对于提升配网供电可靠性、简化供电线路、适应城市发展、提升企业管理质量等具有较大的促进作用。

7.2.1　三要素法

基于自然地理要素、社会经济要素和电网要素的"三要素"分层分析方法,其网格划分的基本流程如下。

(1)收集地形图、城乡规划、专项规划等基础资料。地形图比例为1:2000,与国土空间规划的要求一致。

(2)处理地形图,结合空间规划和专项规划,提取山脊线、生态保护红线、行政界线、现状中压配电线路等元素。

(3)分析空间规划和专项规划,提取路网、河流、功能组团等元素。

(4)空间负荷预测。需以控制性详细规划为依据,按建筑面积进行饱和负荷预测。控规未覆盖区域,参照空间总体规划。

(5)主干网架规划。包括目标网络规划和过渡网架规划。

(6)网格划分。以前期分析的自然要素、社会经济要素和电网要素为基础,按网格划分基本原则,合理划分供(用)电网格。

(7)网架优化和细化。在网格划分的基础上,优化和调整主干网架,细化分配网络。

配电网依托城乡实体空间而存在,其空间的分布与城乡发展机理一致。"网格化"一词来源于社会管理,配电网引入网格化后,可以做到更加精益化管理、精准化投资,具有提质增效的意义。

7.2.1.1　自然地理要素分析

地理要素是存在于地球表面的各种自然和社会经济现象,它们的分布、联系和实践变化等,是地图的主体内容。地理要素根据其性质,可以分为自然地理要素和社会经济要素两大类。

自然地理要素主要有地貌、水系、植被、土壤等。在网格化规划中,要重点考虑山体、河流(湖泊)、生态空间等对人类活动和建设有较大影响的因子,它们也决定了电力负荷的空间分布。山体要素以山脊线为分析因子。当山体比较高大时,中压配电线路跨越山体的成本相对较高,也不利于施工和维护,面临的自然灾害风险也高。因此,高山可以作为网格划界的考量因素。由于山脊线是山体的分界岭,把山脊线因子提取后,可以作为网格的分界线。河流、湖泊等水系,对于配网的建设有一定影响。在城市配电网中,中压分配线往往沿着河流两侧分布,各自形成供电分区,因此河流湖泊是重要的地理要素。国土空间规划中划定"三区三线","三区"是指生态空间、农业空间和城镇空间,"三线"是指生态保护红线、永久基本农田和城镇开发边界。在网格化规划中,生态空间结合了自然地理要素和社会经济要素双重属性,对配电网规划有较大影响。因此,可以将生态空间作为自然地理要素进行分析。生态空间以自然保护区、森林公园、风景名胜区、地质公园、湿地公园、饮用水源地等为分析因子。

7.2.1.2　社会经济要素分析

人类的活动空间,决定了负荷的空间分布,从而决定了配电网的空间形态。因此,社会经济要素对供电网格划分的影响更大。根据空间规划与配电网的特点，本节将行政界线、城市功能组团、路网因素等作为社会经济要素的主要因子进行分析。

（1）行政界线：县市级供电企业在设置供电所时，往往以行政界线为重要参考，一般一个供电所负责一个镇、街道，电网规模较小的乡镇，则合设一个供电所。配电网网格划分的目的之一就是为了精细化管理，因此从管理的角度出发，网格划分时不宜跨行政区。但一个街道、镇的范围比较大，负荷密度比较高的时候，需要向下细分，此时可考虑社区级、行政村级界线。同时，如经济开发区、工业区、城市新区、风景区等管理平台，也会设置管辖范围，形成一个相对完整的行政单元，此类行政界线，也是网格划分的参考因素。

（2）城市功能组团：一般认为，"组团"一词起源于地理学的形态类型分析法，早期因地形等自然条件限制而被迫形成分散的空间结构类型，分散的各个相对独立的结构体定义为"组团"，这主要是基于形态特征形成的概念。现代城市规划中，组团的描述更强调了功能意义。功能意义上的"组团"在空间上是相对分散的，但其相近的城市功能在空间上往往具有相互吸引力，从而可以定义为城市功能组团。组团的定义可分为两种：空间形态上的组团和功能意义上的组团。[7]配电网是依托于人的活动空间而存在的。城市功能组团规划了人的活动空间，从而决定了配电网的功能形态、供电区域、供电模式等。因此，城市功能组团的划分，对配电网网格划分也有重要参考意义。

（3）路网因素：在城市建成区和规划建设区，道路是配电线路走向的主要路径，因此城市路网对配电网的形成至关重要。城市道路通常分为干线道路、支线道路以及联系两者的集散道路三个大类，并细分为快速路、主干路、次干路和支路四个，快速路、主干路等将城市主要中心、城市分区、城市组团之间联系起来，这些也是社会管理和城市管理中网格划分的重要依据。因此，城市的快速路、主干路可以成为配电网网格划分的重要参考因素，并可成为网格之间的分界线。根据空间规划确定的铁路、干线公路、快速路、主干路等，将其分层提取后，取得基于路网因素的分析图。

7.2.1.3 电网要素分析

电网要素主要从电源布局、电力负荷、主干电网、供电区域、现状中压主干电网分布、远景中压主干电网规划等方面考虑。以下主要分析三个方面。

（1）电源布局：中压配电网电源主要为110kV变电站和35kV变电站，35kV变电站在城市电网中已逐步退网。随着城市"挖潜增质，转型升级""存量为主，增量为辅"的规划思路，城市电网负荷密度的发展趋势也会发生相应转变，可能会高于早期的预测框架。因此，从远景规模分析，一般一个网格内将会需要1座110kV变电站。网格的划分需要考虑远景电源的空间布局。

（2）电力负荷：电力负荷的预测，需要依据城市地块要素（用地性质、面积、容积率、地下空间等指标），采用空间负荷预测法，对远景年饱和期的负荷进行一个总体性的预测和分析。同时，电力负荷密度也是划分供电区域的前提。网格划分原则上是不能跨越供电区域的，供电区域的范围界线也是网格的界线之一。

（3）主干电网：以1~3组供电线路的供电区域作为一个供电单元，供电网格则由若干供电单元组成，因此，供电网格内的中压主干线路自成体系，不跨越供电网格。网格划分的时候,需要考虑远景主干线路的供电范围。同理,远景主干线路的规划方案,也需要考虑网格划分的需求。因此,两者相辅相成,互为反馈并逐步优化。

7.2.2　配电网网格化中的空间负荷预测方法

传统电网规划是以整个规划区域为对象,对总负荷进行预测。传统负荷预测方法有增长曲线法、回归分析法和时间序列法。目前,模糊预测法、神经网络法也应用于负荷预测之中,称为现代负荷预测方法。随着对电力系统管理的日益精细化,对于负荷预测也不仅仅局限于精准的总量负荷预测,还要求给出更为精细的负荷空间分布。配电网网格化规划的提出,使得负荷预测过程由原来的整体区域负荷预测变为对供电单元、供电网格、供电区域三个层级自下而上依次展开的空间负荷预测。

7.2.2.1　网格化规划空间负荷预测

传统配电网规划建设模式以变电站为中心、从中压线路向四周延伸。这种辐射式的网架结构会导致高压变电站供电范围不清晰,容载比分布不均匀;中压线路迂回,交叉供电;低压线路错乱,线损较高。配电网网格化规划是指将配电网供电区域划分为若干供电网格,并进一步细化为供电单元,形成"供电区域、供电网格、供电单元"三级网络,自下而上分层分级开展配电网规划,提升了配网规划的精细度,便于运行管理。网格化规划中三级网络的关系如图 7.4 所示。供电区域依据地区行政级别或规划水平年的负荷密度,参考经济发达程度、用户重要性、用电水平、GDP 等因素,划分为 A+、A、B、C、D 共五类。供电网格是在供电区域划分的基础上,与城乡控制性详细规划等市政规划及行政区域划分相衔接,综合考虑配网运维抢修、营销服务等因素,进一步划分而成的若干相对独立的网格。

图 7.4　网格化三级网络关系

供电单元是指在供电网格基础上,综合考虑用地属性、负荷密度、供电特性等因素划分的若干相对独立的单元。配电网网格化规划中空间负荷预测是对供电单元、供电网格、供电区域三个层级自下而上依次开展负荷预测,对于已完成城乡规划和土地利用规划的区域,由于其用地性质、规模和空间分布已明确,可采用负荷密度法进行负荷预测[8],其负荷预测流程如图 7.5 所示,先通过地块面积、负荷密度指标、容积率以及供电单元内同时率参数计算供电单元负荷,用以指导中压线路配出;再利用供电单元负荷预测结果,并考虑供电单元间同时率,得到供电网格的负荷,可指导高压变电站的容量及布点规划,以及中压整体网架结构规划;最后由供电网格负荷预测结果汇总得到供电区域的负荷水平,由于供电网格为面积较大的综合型区域,它们之间的同时率非常接近于1,累加时一般不再考虑同时率。

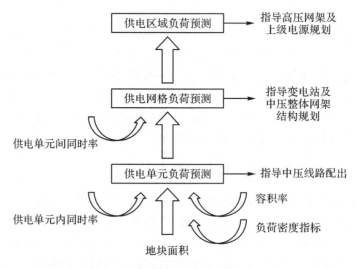

图 7.5　网格化空间负荷预测流程

7.2.2.2　供电单元的负荷预测方法研究

对于供电单元来说,负荷由各个地块面积、负荷密度指标、容积率的乘积以及同时率得到,其中容积率可参考城市控制性详细规划中的地块控制强度指标,供电单元的负荷预测关键问题是如何确定负荷密度指标,特别是过渡年负荷密度指标选取方法以及供电单元内同时率的选取方法。

(1)负荷密度指标的选取

负荷密度指标分为饱和年负荷密度指标和过渡年负荷密度指标。对于同一区域来说,由于其政治、经济等外部环境因素相近,可认为同一用地性质的饱和年负荷密度指标是相似的,因此同一区域不同供电单元,虽然其现状负荷水平不同,但其饱和年负荷密度指标可进行统一选取。

饱和年负荷密度指标一般可通过用户调研得到,如调研某地区内发展较为成熟的商场负荷及其面积等信息,将计算出的负荷密度指标作为该地区饱和年商业用地负荷密度指标。除用户调研外,饱和年负荷密度指标的选取也可参考其他发展成熟地区的负荷密度值,或参考一些设计规范资料中的负荷密度指标推荐值。

对于负荷密度法预测过渡年负荷,其关键在于确定其过渡年负荷密度指标。由于空间的限制,地块负荷密度不可能无限增长,往往经过一段时间快速增长后,速度逐渐放慢,最后趋向饱和,形成 S 形曲线发展趋势。S 形曲线通常采用逻辑斯蒂模型进行拟合,其常微分方程为:

$$\mathrm{d}y/\mathrm{d}t = ry(k-y)/k \qquad\qquad 7.4$$

式中，y 为因变量；t 为时间；r 为增长潜力指数；k 为饱和值。S 形曲线常微分方程的通解为：

$$yt = k/(1 + e^{-rt+c})　　　　　　7.5$$

　　除负荷密度饱和值外，负荷密度的发展趋势也与政治、经济等外部环境因素相关，因此对于同一区域内各个供电单元来说，虽然负荷发展水平不同，负荷空间分布不均匀，但同一种用地性质的负荷密度 S 形曲线是相同的，不同的是各个供电单元现状年在 S 形曲线上所处的位置。

　　(2)供电单元内同时率的选取

　　在将各类或各分区的负荷相加时，需要考虑同时率的问题。同时率是指整个电网最大负荷与各用户最大负荷之和的比值。其大小与区域社会经济发展、季节温度变化以及负荷结构等因素相关。在实际规划中，同时率一般通过典型日负荷特性曲线叠加获得，或是根据经验估计同时率的大小，一般来讲，用电负荷性质越接近，同时率越高；反之，若负荷性质差异较大，则同时率就越小。供电单元的叠加典型日负荷特性曲线求取同时率的步骤如下。

　　①根据城市规划，统计汇总区域内各个用地性质的用地面积，合理选取负荷密度指标，计算得出此区域内各个用地性质用地的负荷预测值。

　　②采集典型日不同用地性质的整点负荷，绘制不同用地性质用地的日负荷曲线(标幺值)。

　　③将各类用地性质的日负荷曲线乘以各自用地性质用地的负荷预测值后，予以叠加，其曲线最大值与各类用地性质用地的负荷预测值之和的比值，即为此区域的同时率。

7.2.2.3　基于单元负荷的供电网格负荷预测

　　供电网格的负荷可通过网格内各个供电单元的负荷累加，并考虑供电单元间的同时率得到，其关键问题为如何确定供电单元间的同时率。通过对单元内同时率的计算方法分析可知，供电单元内同时率是单元曲线叠加最大负荷与单元各用地负荷直接相加之和的比值。类似的，供电单元间同时率可通过供电网格曲线叠加最大负荷与各个单元最大负荷之和来进行计算。假设某供电网格 A 内包含 n 个供电单元 $A_1,A_2,\cdots,A_n$，则 n 个供电单元间的同时率为：

$$t = (P_A \cdot t_A)/\left(\sum_n P'_{An}\right) = \left(\sum_n P_{An} \cdot t_A\right)/\left(\sum_n (P_{An} \cdot t_{An})\right)　　7.6$$

式中，P_A 为不考虑供电单元层级同时率情况下，网格 A 的负荷(即区域内各个用地性质用地的负荷预测结果之和)；P_{An} 为在不考虑供电单元内同时率情况下，供电单元 An 的负荷；P'_{An} 为供电单元 An 在考虑单元内同时率后的负荷；t_A 为不考虑供电单元层情况下，网格 A 的同时率(可用日负荷特性曲线进行叠加)；t_{An} 则为供电单元 An 的同时率。

　　在以往网格化规划负荷预测过程中，单元间同时率并没有一个明确的选取方法，只有一个大概的选取范围，即 0.95～1。式 7.6 中则给出了具体的单元间同时率选取方法，可以在今后的网格化规划负荷预测过程中指导供电单元间同时率的取值。由于供电网格为面积较大的综合型区域，它们之间的同时率非常接近于 1，因此供电区域的负荷计算方法为供电网格负荷直接累加，不再考虑供电网格间的同时率。

7.2.2.4 应用实例

某地区中心网格包含三个供电单元,分别为中心 1、中心 2 和中心 3,其单元网格划分及规划土地性质如图 7.6 所示。调研该地区发展较为成熟的各类用户,将其负荷密度值作为该地区饱和年负荷密度指标选取值,其结果分别为:居住用地 23W/m²、商业设施用地 47W/m²、行政办公用地 39W/m²、文化设施用地 43W/m²、教育用地 18W/m²。此网格三个单元的各个用地性质、用地面积、容积率选取值以及饱和年各个用地性质负荷计算如表 7.1 所示,其中,容积率取值参考该地区控制性详细规划中控制强度指标,饱和年负荷为用地面积、容积率及对应负荷密度指标的乘积。

图 7.6 中心网格单元划分

表 7.1 中心网格供电单元用地及负荷情况

区域	用地性质	用地面积/km²	容积率	饱和负荷/MW
中心 1	居住用地	0.491	1.7	19.19
	商业设施用地	0.162	1.6	12.20
	行政办公用地	0.010	1.6	0.64
	文化设施用地	0.085	1.3	4.77
	教育用地	0.083	1.2	1.79
中心 2	居住用地	0.403	1.7	15.75
	商业设施用地	0.214	1.5	15.07
	教育用地	0.017	1.2	0.37
中心 3	居住用地	1.206	1.8	49.94
	商业设施用地	0.221	1.4	14.51
	行政办公用地	0.038	1.6	2.36
	教育用地	0.078	1.2	1.68

由表 7.1 可以得出,不考虑同时率情况下,中心 1、中心 2 和中心 3 这三个单元饱和年负荷分别为 38.6MW、31.19MW 和 68.48MW,中心网格的负荷为 138.28MW。

调研该地区各个用地性质典型用户的典型日负荷特性,绘制日负荷特性曲线(标幺值)。以各用地性质负荷作为权重进行曲线叠加,其曲线最高点负荷与单元累加负荷的比值为单元内同时率,则中心网格三个供电单元的饱和年同时率分别为 0.89352、0.96370 和 0.97804,考虑同时率后,中心网格三个供电单元的饱和年负荷分别为 34.49MW、30.06MW 和 66.98MW。

调研该地区内各个用地性质典型用户的负荷密度历史情况,计算负荷密度 S 形发展曲线模型中两个参数 k 和 r,k 为各类用地性质的饱和年负荷密度指标,各类用地性质的参数 r 分别为居住用地 0.1718、商业设施用地 0.1757、行政办公用地 0.1602、文化设施用地 0.1581、教育用地 0.1193。

根据各个供电单元内典型用户 2018 年负荷密度数据,确定其在负荷密度 S 形曲线上的位置,进而可以计算得到规划年的负荷密度指标值。三个供电单元的过渡年负荷密度指标计算值如表 7.2 所示。

表 7.2　中心网格供电单元过渡年负荷密度指标　　单位:W·m⁻²

区域	用地性质	2019 年负荷密度	2020 年负荷密度	2021 年负荷密度
中心 1	居住用地	19.27	19.78	20.22
	商业设施用地	41.42	42.23	42.93
	行政办公用地	30.51	31.53	32.45
	文化设施用地	34.71	35.72	36.62
	教育用地	12.37	12.82	13.25
中心 2	居住用地	18.19	18.81	19.37
	商业设施用地	39.12	40.21	41.16
	教育用地	11.70	12.18	12.64
中心 3	居住用地	19.71	20.17	20.57
	商业设施用地	37.59	38.84	39.96
	行政办公用地	30.05	31.11	32.07
	教育用地	12.56	13.00	13.42

根据过渡年各指标选取结果,可计算过渡年各个单元的同时率以及负荷情况,结果如表 7.3 所示。

表 7.3 中心网格供电单元过渡年负荷

区域	年份	同时率	负荷/MW
中心 1 单元	2019	0.89255	28.94
	2020	0.89258	29.66
	2021	0.89262	30.29
中心 2 单元	2019	0.96322	24.31
	2020	0.96331	25.07
	2021	0.96340	25.75
中心 3 单元	2019	0.97973	56.22
	2020	0.97958	57.67
	2021	0.97943	58.95

已知各个单元的负荷及同时率,2019—2021 年以及饱和年供电单元间的同时率可通过式 7.6 进行计算,其结果分别为 0.99950、0.99941、0.99931 和 0.99809,进而可计算得到中心网格的负荷,其结果分别为 109.42MW、112.34MW、114.91MW 和 131.28MW。

通过统计 2019 年中心网格内的配变信息,可计算得到各个单元的负荷及同时率,可将此实际数据与表 7.3 中理论计算结果进行比较,验证理论计算方法的准确性与可靠性。中心网格及三个供电单元的配变信息统计结果如表 7.4 所示,2019 年中心 1、中心 2 和中心 3 三个供电单元间的同时率可用网格最大负荷与单元最大负荷之和进行计算,其值为 0.99652。

表 7.4 中心网格配变信息统计

网格	最大负荷/kW	配变最大负荷之和/kW	同时率
中心网格	110984.05	117180.96	0.94712
中心 1 单元	57429.06	58923.83	0.97463
中心 2 单元	29898.33	33171.29	0.90133
中心 3 单元	24044.03	25085.84	0.95847

中心网格及三个供电单元 2019 年实际值与理论计算结果对比如表 7.5 所示。负荷与同时率的误差分别不超过 5％和 1％,证明了理论计算方法的准确性。

7.2.3 考虑配电网风险承受能力的农村网架规划方法

目前,我国部分农村配电网仍存在因多种原因导致的线路末端电压严重偏低的问题,升级改造电压等级为 10kV 的农村配电线路是解决该问题的一项重要措施。农村配电网具有供电范围广、负荷波动大、各乡镇区域配电网的风险承受能力差别较大等特点。[9]

表 7.5　中心网格实际值与理论计算结果对比

项目		实际值	理论结果	误差/%
负荷(MV)	中心网格	110.98	109.42	1.41
	中心 1 单元	29.90	28.94	3.22
	中心 2 单元	24.04	24.31	1.13
	中心 3 单元	57.43	56.22	2.10
同时率	中心 1 单元	0.90133	0.89255	0.97
	中心 2 单元	0.95847	0.96322	0.50
	中心 3 单元	0.97463	0.97973	0.52
	三个单元间	0.99652	0.99950	0.30

　　针对农村配电网改造工程普遍未考虑乡镇区域配电网之间的差异和乡镇区域负荷的不确定性问题,可以引入机会约束规划理论,提出一种计及负荷不确定性的考虑区域配电网风险承受能力差异的网架规划方法。首先,采用非参数核密度估计方法建立负荷的不确定性模型;然后,考虑各乡镇区域配电网的风险承受能力差异,结合乡镇区域配电网的特点建立风险承受能力评价指标体系,并采用组合赋权法进行评估;最后,建立线路升级选型的机会约束规划模型,基于得到的评估结果差异化选取模型的置信水平,以确定线路升级的型号。实例分析表明,所提方法能够提升规划工作的精细化水平,在一定程度上实现区域配电网的风险承受能力和投资成本的相互协调,实现农村配网改造的投资精益化。

7.2.3.1　负荷的不确定性建模

　　由于乡镇区域配电网负荷变化的不确定性,影响负荷的多种因素和负荷预测方法存在的不确定性等,使得负荷预测误差存在一定的不确定性。研究表明,长期的负荷预测误差近似服从正态分布,因此,可选择高斯函数作为核函数,采用非参数核密度估计方法建立负荷预测误差的概率模型。

7.2.3.2　基于组合赋权法的区域配电网风险承受能力评估

　　考虑到各乡镇区域配电网的风险承受能力差异对线路升级选型方案的影响,结合乡镇区域配电网的特点,以农网改造的实际需求为基础,建立区域配电网的风险承受能力评价指标体系,并采用基于层次分析法和熵权法的组合赋权法进行评估,根据评估结果的横向比较,确定模型中机会约束的置信水平,以更好地指导各乡镇区域配电线路的升级选型工作,实现农村配电网改造工程的投资精益化。

　　(1)区域配电网风险承受能力评价指标体系的建立

　　考虑到乡镇区域配电网的特点及获取现场数据的可行性,建立如图 7.7 所示的风险承受能力评价指标体系,从负荷供应能力、网架结构水平和配电网运行水平三个方面对乡镇区域配电网的风险承受能力进行评估。

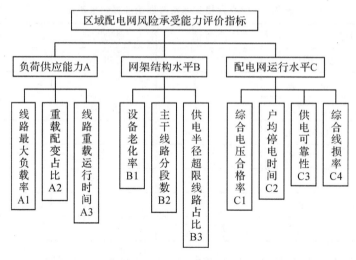

图 7.7 区域配电网的风险承受能力评价指标体系

①负荷供应能力:区域配电网的负荷供应能力是指在满足各种技术经济约束条件下能够保证供电的最大负荷,在考虑负荷不确定性的情况下,其数值越大,区域配电网满足负荷需求的概率越大,承受因负荷的不确定性导致的运行风险的能力越强。线路最大负载率、重载配变占比和线路重载运行时间均能不同程度地反映区域配电网的负荷供应能力。线路最大负载率越高,重载配变占比越大,线路重载运行时间越长,负荷波动变化时可用的供电裕度越小,且设备重载时线路末端更易出现电压偏低的情况,在考虑负荷不确定性的情况下该区域配电网的负荷供应能力越弱,其承受因负荷的不确定性导致的运行风险的能力越差。因此,可采用线路最大负载率、重载配变占比和线路重载运行时间等指标来衡量区域配电网的负荷供应能力。

②网架结构水平:网架起着输送电能的关键作用,是区域配电网向用户安全可靠供电的重要保障。区域配电网的网架结构水平越高,其在正常或故障情况下承受因负荷的不确定性导致的运行风险的能力越强。10kV 配电线路大多为户外运行,在自然环境和重载运行的影响下设备的老化速度加快。近年来,区域配电网因设备老化而发生故障停电的次数显著增加,降低了其承受因负荷的不确定性导致的运行风险的能力。此外,乡镇区域配电网大多为辐射型结构,线路发生故障后无法通过联络线转供本线路的负荷。通过对线路合理分段就能通过负荷开关的配合操作有效缩小故障时的停电范围,恢复上层无故障部分的供电,提高区域配电网的风险承受能力。线路的供电半径过长不仅增大了故障概率,还增加了线路损耗导致末端电压偏低,降低了区域配电网承受因负荷的不确定性导致的运行风险的能力。因此,可采用设备老化率、主干线路分段数和供电半径超限线路占比等指标来衡量区域配电网的网架结构水平。

③配电网运行水平:综合电压合格率、户均停电时间、供电可靠性和综合线损率等指标都在一定程度上反映出区域配电网的整体运行状况,各项指标越好,该区域配电网承受因负荷的不确定性导致的运行风险的能力越强。

综合电压合格率反映了区域配电网的供电电压质量,当其低于国家电网公司相关规定时,其值越小则该区域配电网承受因负荷的不确定性导致的运行风险的能力越弱。当区域配电网的网架结构相同时,若在某段观测时间内户均停电时间越短,则其对负荷的不确定性的适应能力越强,风险承受能力也越强。区域配电网的供电可靠性越高,表明其网架规划方案越合理,其承受因负荷的不确定性导致的运行风险的能力也越强。综合线损率反映了区域配电网运行的经济性,也在一定程度上反映出该区域配电网的负荷分配情况和网架规划方案的合理性,综合线损率越高则表明该区域配电网运行的经济性越差,负荷分配和网架规划方案越不合理,其承受因负荷的不确定性导致的运行风险的能力越弱。因此,可采用综合电压合格率、户均停电时间、供电可靠性和综合线损率等指标来衡量区域配电网的运行水平。

(2)基于组合赋权法的指标权重计算考虑到指标主观权重的主观性,以及指标客观权重无法反映出实际问题中该指标的重要程度的问题,为使区域配电网的风险承受能力评估结果更加合理可信,可结合层次分析法和熵权法,采用组合赋权法来确定各指标的综合权重。

对于指标的主观权重计算,采用层次分析法计算指标的主观权重,由 9 级标度扩展法形成指标之间的相对重要性程度判断矩阵。对于一级指标,区域配电网的负荷供应能力是衡量配电网规划与改造工作成效的重要标准之一,最大限度地保证负荷的安全可靠供电也是配电网的核心目标,因此该指标为最重要的一级指标;网架是区域配电网的关键组成部分,是向用户输送电能的重要桥梁,网架结构水平的高低是评价区域配电网规划方案是否合理的重要依据,也应高度重视;配电网运行水平体现了系统运行的安全性和经济性,直观反映了网架规划方案的合理性和区域配电网的风险承受能力强弱,其重要性程度最低。即一级指标的相对重要性排序为负荷供应能力>网架结构水平>配电网运行水平,据此形成基于 9 级标度扩展法的一级指标判断矩阵 A1。

线路最大负载率、重载配变占比和线路重载运行时间对系统的供电可靠性、电压合格率和综合线损率等都有一定的影响,二级指标的相对重要性排序为:线路最大负载率>重载配变占比=线路重载运行时间>设备老化率>主干线路分段数>供电半径超限线路占比>综合电压合格率>户均停电时间=供电可靠率>综合线损率,据此形成基于 9 级标度扩展法的二级指标判断矩阵 A_2。指标的客观权重计算采用熵权法,以充分考虑指标的实际值对区域配电网风险承受能力的影响。

对于指标的综合权重,采用组合赋权法时,按式 7.7 计算。

$$\mu_j = \frac{\omega_j v_j}{\sum\limits_{j=1}^{k} \omega_j v_j} \qquad\qquad 7.7$$

式中,μ_j 为第 j 个指标的综合权重;ω_j 和 v_j 分别为第 j 个指标的主观权重和客观权重;k 为指标数。

(3)区域配电网的风险承受能力评估

通过将各指标的综合权重与其无量纲化后的值相结合的方法对各乡镇区域配电网的风险承受能力进行综合评估,如式 7.8 所示。评估值越大,表明该区域配电网承受因负荷的不确定性导致的运行风险的能力越强。

$$Z_m = \sum_{j=1}^{k} S_{mj}\mu_j \qquad 7.8$$

式中,Z_m 为第 m 个乡镇区域配电网的风险承受能力评估结果;S_{mj} 为第 m 个乡镇区域配电网的第 j 个指标无量纲化后的值。根据文献给出的置信水平的合理范围,结合各乡镇区域配电网的风险承受能力评估结果,差异化选取网架规划模型中机会约束的置信水平,并满足所有置信水平均不小于80%的要求。风险承受能力评估值越大的乡镇区域,对负荷的不确定性的适应能力越强,能承受较大的运行风险,其置信水平反而越小,线路升级选型时所需的负荷裕度也较小。

7.2.3.3 网架的机会约束规划模型

网架规划过程中考虑不确定性因素时,若仍按照传统的确定性规划方法来处理约束条件,可能得出较为保守的投资较高的规划方案。因此,考虑到负荷预测误差的不确定性,基于机会约束规划理论,以线路的升级总成本最小为目标,建立网架的机会约束规划模型进行线路升级选型。

(1)目标函数

模型的目标函数为线路升级选型的总成本最小,如式7.9所示。

$$\min F_{inv} = \sum_{i=1}^{N_{line}} x_i C_{line,i} l_i \qquad 7.9$$

式中,F_{inv} 为线路升级选型的总投资成本;x_i 为线路 i 是否升级的决策变量,升级时其取值为1,否则取值为0;$C_{line,i}$ 为线路 i 升级时的材料成本和安装成本之和,材料成本通常由线路的型号决定;l_i 为线路 i 的长度;N_{line} 为升级线路的总条数。

(2)约束条件

①支路功率机会约束

为提高网架规划方案承受因负荷的不确定性导致的运行风险的能力,基于机会约束规划理论,将确定性支路功率约束描述为机会约束,使支路功率满足约束的概率不小于某一置信水平,如式7.10所示。

$$\Pr\{0 \leqslant P_i^T \leqslant P_{imax}\} \geqslant \alpha_{mP} \qquad 7.10$$

式中,P_i^T 为线路 i 在规划年限为 T 时的有功预测值,由式7.11计算得到;P_{max} 为线路 i 所允许通过的最大有功;α_{mP} 为第 m 个乡镇区域配电网的支路功率机会约束的置信水平,其由风险承受能力评估结果确定。

$$P_i^T = P_{iB}[(1+r_i)^T + L_{err}] \qquad 7.11$$

式中,P_{iB} 为线路 i 在基准年的有功负荷;r_i 为线路 i 的负荷年均增长率。

将式7.11代入式7.10后得到式7.12:

$$\Pr\{P_{iB}[(1+r_i)^T + L_{err}] \leqslant P_{imax}\} \geqslant \alpha_{mP} \qquad 7.12$$

式7.12进一步变形后得到式7.13:

$$\Pr\left\{L_{err} \leqslant \frac{P_{imax}}{P_{iB}} - (1+r_i)^T\right\} \geqslant \alpha_{mP} \qquad 7.13$$

将式7.13转化为其确定性的等价形式,如式7.14所示,得到 P_{imax} 的取值范围,并以此为依据确定线路升级后的型号。

$$P_{imax} \geqslant P_{iB}\left[\Phi^{-1}(\alpha_{mP}) + (1+r_i)^T\right] \qquad 7.14$$

式中，$\Phi^{-1}(\cdot)$ 为负荷预测误差的概率分布函数 $\Phi(\cdot)$ 的逆函数，即 $\Phi^{-1}(\alpha_{mP})$ 为置信水平 α_{mP} 所对应的负荷预测误差。

②节点电压约束

$$U_{jmin} \leqslant U_j \leqslant U_{jmax} \qquad 7.15$$

式中，U_{jmax} 和 U_{jmin} 分别为节点 j 允许的电压上、下限数值。《配电网规划设计技术导则》（DL/T 5729—2016）中规定，10kV 及以下供电电压的允许偏差为 ±7%，则 $U_{jmin} = 9.3kV$，$U_{jmax} = 10.7kV$。

（3）规划的总体流程

综上所述，线路升级选型的总体流程如下。

①建立负荷预测误差的不确定性模型。由非参数核密度估计方法得到基准年负荷预测误差历史样本数据的概率密度函数 $\phi(L_{err})$ 和概率分布函数 $\Phi(L_{err})$。

②进行区域配电网的风险承受能力评估。结合乡镇区域配电网的特点建立风险承受能力评价指标体系，并采用组合赋权法评估各乡镇区域配电网的风险承受能力。

③确定线路的升级选型方案。建立网架的机会约束规划模型，根据步骤②中各乡镇区域配电网的风险承受能力评估结果确定机会约束的置信水平 α_{mP}，再由步骤①中负荷预测误差的概率分布函数求得相应的负荷预测误差 $\Phi^{-1}(\alpha_{mP})$，用于计算不同规划年限下各线路的负荷预测值。由式 7.14 确定线路升级后的型号，枚举得到多个待选的线路升级选型方案。

④建模仿真。分别对不同规划年限下各乡镇区域配电线路的待选升级选型方案进行建模仿真，验证是否满足节点电压约束，在所有满足约束的方案中确定出投资总成本最小的差异化规划方案。

7.2.3.4 应用实例

以吉林省某市 10kV 农网规划改造项目中某 66kV 变电站为例，该变电站的供电范围内共有 4 个乡镇，各乡镇的 10kV 配电线路情况详见表 7.6，基准年各乡镇 10kV 配电线路的参数见表 7.7。

表 7.6 各乡镇区域供电线路的情况

乡镇	1	2	3	4
供电线路编号	1	2～5	6～8	9

注：除线路 5 为专用线路外，其余线路均为公用线路。

建立 4 个乡镇区域配电网的简化等值模型并进行仿真分析。首先，将配电变压器的所有低压负荷等效为一个集中负荷并忽略配电变压器低压侧的具体接线情况。此外，由于负荷的类别、性质和功率因数都存在较大差异，现场数据的统计分析又较为复杂，因此取负荷的功率因数为 0.85。该 66kV 变电站基准年的主变容量为 31.5+10MVA，考虑到不同规划年限时的负荷增长情况，将主变容量设置为 2×31.5MVA。

表 7.7   基准年各乡镇区域 10kV 线路的参数

乡镇	线路	10kV 架空线路按导线截面分布长度/km							
		240mm²	185mm²	150mm²	120mm²	95mm²	70mm²	50mm²	35mm²
1	1	0	0	0	23.62	26.5	0	0	0
	2	0	0	9.2	0	0	0	6.95	0
2	3	0	0	5.05	0	0	5.94	0	0
	4	0	0	3.66	0	0	0	3.18	0
	5	0	0	0	0	0	4.26	0	0
	6	0	0	10.06	0	0	0	7.82	0
3	7	0	0	2.83	0	0	0	0	0
	8	0	0	0	0	0	0	18.5	14.3
4	9	0	0	0	0	16.25	0	11	0

(1)负荷预测误差的概率模型

根据吉林省某市供电公司提供的基准年 2017 年各月份的负荷预测值和实际值整理得到 2017 年各月份的负荷预测误差统计数据,详见表 7.8。采用非参数核密度估计方法求得负荷预测误差的概率密度函数曲线和概率分布函数曲线,分别见图 7.8 和图 7.9。

表 7.8   基准年负荷预测误差历史样本数据   单位:%

日期	1 月	2 月	3 月	4 月	5 月	6 月	7 月	8 月	9 月	10 月	11 月	12 月
1 日	1.43	0.32	−6.18	1.98	1.90	5.63	7.00	5.96	11.17	5.77	9.11	3.96
2 日	5.49	3.52	−1.39	2.70	−3.75	3.18	11.43	2.16	7.50	11.37	2.91	−1.58
3 日	7.89	6.62	−2.03	8.25	11.09	7.33	3.70	2.29	9.59	15.71	1.02	10.36
4 日	0.97	12.31	8.25	11.27	10.85	7.38	3.57	10.83	8.39	3.61	3.73	8.46
5 日	4.40	4.39	14.21	7.69	5.57	6.40	17.19	6.65	−1.32	−3.07	5.12	5.51
6 日	7.97	13.05	4.19	3.93	11.02	2.62	11.32	8.23	3.69	6.94	8.30	11.71
7 日	−4.23	8.66	10.54	10.56	7.04	−0.81	3.60	10.94	12.84	8.11	0.70	1.14
8 日	11.79	12.56	9.06	10.47	7.63	7.78	9.63	7.02	5.747	4.75	7.78	8.33
9 日	19.54	6.72	0.15	6.68	6.64	−1.48	4.00	9.09	9.26	−0.40	6.45	7.96
10 日	11.36	2.35	8.23	9.20	8.47	0.25	9.95	9.82	0.40	17.31	13.40	7.96
11 日	4.25	−2.25	1.82	8.32	6.58	13.44	13.91	12.54	6.37	−7.15	4.82	1.94
12 日	8.40	6.88	14.47	0.51	21.56	3.68	−2.94	8.67	9.36	3.17	5.26	7.84
13 日	0.23	10.58	5.83	10.25	−0.50	5.23	11.75	13.89	−1.58	−1.36	−0.52	3.14
14 日	16.49	4.38	15.14	2.35	−4.33	11.03	14.15	6.14	7.95	2.46	−1.72	1.01
15 日	11.26	3.00	3.64	2.64	−0.35	4.34	6.28	5.75	5.00	7.79	7.74	−0.70

续 表

日期	1月	2月	3月	4月	5月	6月	7月	8月	9月	10月	11月	12月
16日	10.40	4.29	9.30	7.00	-0.09	11.75	15.75	15.50	0.77	6.78	4.62	11.80
17日	1.13	-0.10	5.66	4.30	3.59	4.09	6.88	3.17	5.80	2.05	8.82	1.29
18日	7.80	3.26	-5.27	5.28	5.07	11.66	-0.89	6.00	-4.57	10.35	1.03	5.05
19日	2.90	5.00	0.53	9.33	4.79	9.52	-6.22	11.14	-5.86	9.48	16.66	-0.73
20日	4.28	6.27	9.43	11.85	9.03	4.82	4.15	6.85	-0.55	9.62	6.69	4.36
21日	2.83	5.66	5.71	4.91	8.18	1.18	9.99	13.85	0.49	3.64	11.85	-12.02
22日	0.29	9.42	-0.23	7.84	10.20	0.19	7.78	11.78	-0.53	11.86	4.75	-0.05
23日	0.94	6.62	2.52	4.68	15.93	4.51	8.32	7.64	-3.61	9.70	5.11	-1.94
24日	4.84	16.13	7.40	7.29	12.84	3.57	2.79	1.67	7.62	20.01	9.86	0.35
25日	-3.46	7.75	0.47	8.47	-1.15	3.73	6.82	9.17	-2.88	11.94	9.11	4.82
26日	9.40	16.08	11.45	2.57	-6.98	11.50	-3.13	-1.70	6.63	12.47	-0.24	4.20
27日	5.36	1.98	2.44	7.55	11.04	4.35	1.77	7.38	10.40	6.31	-2.54	16.86
28日	9.91	8.95	16.10	9.37	-4.23	12.39	1.44	10.52	6.00	-1.17	0.11	2.82
29日	7.52	—	-0.01	6.53	6.38	3.05	8.91	7.20	6.53	3.94	-1.89	4.62
30日	8.77		7.12	15.66	6.21	11.44	5.93	10.92	3.90	1.79	6.34	-2.74
31日	-2.26	—	-2.47	—	18.44	—	-0.43	17.39	—	2.87	—	3.35

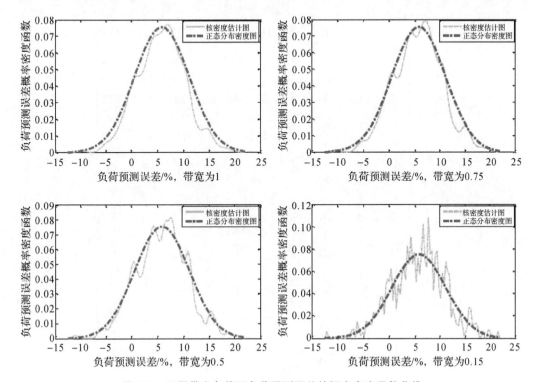

图 7.8 不同带宽条件下负荷预测误差的概率密度函数曲线

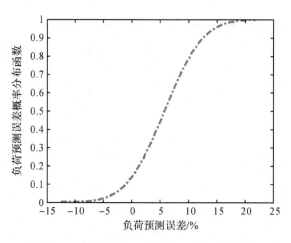

图 7.9　负荷预测误差的概率分布函数曲线

(2)区域配电网的风险承受能力评估结果

①主观权重计算结果

由 9 级标度扩展法得到一级指标和二级指标的判断矩阵 A_1 和 A_2,分别如式 7.16 和式 7.17 所示,各指标的主观权重计算结果详见表 7.9。

$$A_1 = \begin{bmatrix} 1 & 2 & 4 \\ \dfrac{1}{2} & 1 & 2 \\ \dfrac{1}{4} & \dfrac{1}{2} & 1 \end{bmatrix} \qquad\qquad 7.16$$

$$A_2 = \begin{bmatrix}
1 & 2 & 2 & 8 & 16 & 32 & 64 & 128 & 128 & 256 \\
\dfrac{1}{2} & 1 & 1 & 4 & 8 & 16 & 32 & 64 & 64 & 128 \\
\dfrac{1}{2} & 1 & 1 & 4 & 8 & 16 & 32 & 64 & 64 & 128 \\
\dfrac{1}{8} & \dfrac{1}{4} & \dfrac{1}{4} & 1 & 2 & 4 & 8 & 16 & 16 & 32 \\
\dfrac{1}{16} & \dfrac{1}{8} & \dfrac{1}{8} & \dfrac{1}{2} & 1 & 2 & 4 & 8 & 8 & 16 \\
\dfrac{1}{32} & \dfrac{1}{16} & \dfrac{1}{16} & \dfrac{1}{4} & \dfrac{1}{2} & 1 & 2 & 4 & 4 & 8 \\
\dfrac{1}{64} & \dfrac{1}{32} & \dfrac{1}{32} & \dfrac{1}{8} & \dfrac{1}{4} & \dfrac{1}{2} & 1 & 2 & 2 & 4 \\
\dfrac{1}{128} & \dfrac{1}{64} & \dfrac{1}{64} & \dfrac{1}{16} & \dfrac{1}{8} & \dfrac{1}{4} & \dfrac{1}{2} & 1 & 1 & 2 \\
\dfrac{1}{128} & \dfrac{1}{64} & \dfrac{1}{64} & \dfrac{1}{16} & \dfrac{1}{8} & \dfrac{1}{4} & \dfrac{1}{2} & 1 & 1 & 2 \\
\dfrac{1}{256} & \dfrac{1}{128} & \dfrac{1}{128} & \dfrac{1}{32} & \dfrac{1}{16} & \dfrac{1}{8} & \dfrac{1}{4} & \dfrac{1}{2} & \dfrac{1}{2} & 1
\end{bmatrix} \qquad 7.17$$

表 7.9 指标权重的计算结果

一级指标	主观权重	二级指标	主观权重	客观权重	综合权重
A	0.5714	A1	0.4437	0.0691	0.37445
		A2	0.2218	0.0749	0.24475
		A3	0.2218	0.0903	0.20314
B	0.2857	B1	0.0555	0.1030	0.06976
		B2	0.0277	0.2012	0.06816
		B3	0.0139	0.1467	0.02485
C	0.1429	C1	0.0069	0.0688	0.00583
		C2	0.0035	0.0890	0.00377
		C3	0.0035	0.0930	0.00394
		C4	0.0017	0.0641	0.00136

②客观权重计算结果

该 66kV 变电站的供电区域均属于 D 类,《配电网规划设计技术导则》中规定线路的供电半径应不超过 15km,根据供电公司提供的现场运行数据整理得到各乡镇区域配电网的指标实际值(见表 7.10),各乡镇区域配电线路的指标实际值见表 7.11,各乡镇区域配电网指标无量纲化后的值见表 7.12,各指标的客观权重计算结果见表 7.9。

表 7.10 各乡镇区域配电网的指标实际值

指标	乡镇 1	乡镇 2	乡镇 3	乡镇 4
A1	46.48	51.22	36.39	64.41
A2	27.43	16.53	12.73	0.00
A3	189.00	141.30	115.70	208.00
B1	0.00	42.96	62.75	75.61
B2	4.00	2.00	2.33	2.00
B3	100.00	0.00	33.33	100.00
C1	76.80	82.75	82.47	71.30
C2	18.80	8.93	13.33	16.50
C3	85.40	89.38	84.37	89.70
C4	8.20	6.90	5.80	11.50

表 7.11　各乡镇区域配电线路的指标实际值

评价指标	乡镇 1	乡镇 2				乡镇 3			乡镇 4
	线路 1	线路 2	线路 3	线路 4	线路 5	线路 6	线路 7	线路 8	线路 9
A1	46.48	32.91	55.70	38.88	32.93	29.11	23.69	37.95	56.82
A2	27.43	0.00	29.82	15.79	0.00	32.22	45.45	0.00	0.00
A3	189.00	109.00	192.00	166.00	98.00	111.00	102.00	134.00	208.00
B1	0.00	60.55	50.78	40.53	20.00	67.01	39.09	82.15	75.61
B2	4.00	2.00	2.00	2.00	2.00	3.00	2.00	2.00	2.00
B3	34.10	13.20	8.56	6.33	4.26	14.33	2.83	21.40	16.65
C1	76.80	80.10	79.70	84.50	76.70	78.40	89.80	79.20	71.30
C2	18.80	14.30	10.80	9.10	1.50	17.90	1.70	20.40	16.50
C3	85.40	88.20	86.90	90.10	92.30	83.60	89.80	79.70	89.50
C4	8.20	5.50	10.10	6.70	5.30	5.90	5.10	6.40	11.50

表 7.12　各乡镇区域配电网指标无量纲化后的值

指标	乡镇 1	乡镇 2	乡镇 3	乡镇 4
A1	0.63990	0.47074	1.00000	0.00001
A2	0.00001	0.39738	0.53591	1.00000
A3	0.20585	0.72264	1.00000	0.00001
B1	1.00000	0.43185	0.17008	0.00001
B2	1.00000	0.00001	0.16500	0.00001
B3	0.00001	1.00000	0.66670	0.00001
C1	0.19325	0.93996	0.00001	1.00000
C2	0.00001	1.00000	0.55420	0.23303
C3	0.48035	1.00000	0.97555	0.00001
C4	0.57895	0.80702	1.00000	0.00001

③综合权重计算结果

采用组合赋权法由式 7.7 计算得到各指标的综合权重,结果见表 7.9。

④各区域配电网的风险承受能力和置信水平

由式 7.8 计算得到乡镇 1~4 区域配电网的风险承受能力评估值分别为 0.4323、0.5032、0.7769 和 0.2080。可知乡镇 3 的风险承受能力评估值最大,其承受因负荷的不确定性导致的运行风险的能力最强;乡镇 4 的风险承受能力评估值最小,其承受因负荷的不确定性导致的运行风险的能力最弱。为充分考虑区域配电网之间的风险承受能力差异对最终规划方案的影响,将各乡镇区域配电网的风险承受能力评估结果划分为 4 个层次,依次为[0,0.25)、(0.25,0.50]、(0.50,0.75]、(0.75,1.00],且风险承受能力评估值越小的区域其机会约束条件的置信水平越大。对 4 个乡镇区域的置信水平差异化取值,其中乡镇 1 和乡镇 2 取 90%,乡镇 3 取 80%,乡镇 4 取 95%。

各乡镇区域配电网指标的综合权重相同,其风险承受能力存在差异是因为指标的实际值不同,以无量纲化后的指标值来表征指标的满意度,以指标的综合权重来表征指标的重要度,绘制出各乡镇区域配电网指标的重要度—满意度分布图,如图 7.10 所示。由图 7.10 可以较为直观地看出各乡镇区域配电网指标的重要度—满意度分布情况,并辨识出在考虑负荷不确定性条件下导致该区域配电网风险承受能力偏低的主要薄弱环节,从而在线路升级改造的同时有针对性地进行改善。

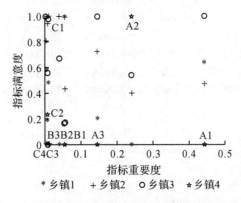

图 7.10　各乡镇区域配电网指标的重要度—满意度分布

(3)区域配电网的线路优化选型方案

不同规划年限时各线路的负荷预测结果见表 7.13。由于该 66kV 变电站供电范围内的各乡镇区域配电线路均为无联络的辐射线路,不必为转供其他线路的负荷而预留50%的裕度,因此结合现场经验并综合考虑系统运行的经济性和安全性,在确定线路型号时线路的最大允许负载容量可取其额定容量的 60%。

表 7.13　不同规划年限时各线路的负荷预测结果

乡镇	线路	置信水平/%	负荷年均增长率/%	基准年负荷值/MV	负荷预测值/MV		
					10 年	15 年	20 年
1	1	90	3	2.43	3.56	4.10	4.70
	2		2	2.68	3.61	3.96	4.33
2	3	90	2	4.53	6.10	6.69	7.32
	4		2	3.17	4.27	4.68	5.12
	5		3	1.21	1.77	2.04	2.34
	6		3	2.37	3.42	3.94	4.53
3	7	80	3	1.93	2.78	3.21	3.69
	8		5	1.09	1.89	2.38	3.00
4	9	95	3	1.84	2.73	3.14	3.60

在计及负荷预测误差的不确定性情况下,采用本方法得到各乡镇区域配电线路的升级选型方案见表 7.14,线路型号及造价见表 7.15,线路的升级成本见表 7.16。

表 7.14　不同规划年限时各乡镇区域配电线路的升级选型方案

乡镇	线路	规划年限 10 年		规划年限 15 年		规划年限 20 年	
		主干	分支	主干	分支	主干	分支
1	1	JL/G1A-150/20mm²	JL/G1A-120/20mm²	JL/G1A-185/25mm²	JL/G1A-150/20mm²	JL/G1A-240/30mm²	JL/G1A-185/25mm²
	2	—	JL/G1A-70/10mm²	JL/G1A-185/25mm²	JL/G1A-95/15mm²	JL/G1A-185/25mm²	JL/G1A-95/15mm²
2	3	2*JL/G1A-150/20mm²	JL/G1A-95/15mm²	2*JL/G1A-150/20mm²	JL/G1A-120/20mm²	2*JL/G1A-150/20mm²	JL/G1A-120/20mm²
	4	JL/G1A-185/25mm²	JL/G1A-95/15mm²	JL/G1A-240/30mm²	JL/G1A-120/20mm²	JL/G1A-240/30mm²	JL/G1A-120/20mm²
	5	—	—	—	—	—	—
	6	—	JL/G1A-70/10mm²	JL/G1A-185/25mm²	JL/G1A-95/15mm²	JL/G1A-185/25mm²	JL/G1A-95/15mm²
3	7	—	—	—	—	JL/G1A-120/20mm²	
	8	JL/G1A-70/10mm²	JL/G1A-50/80mm²	JL/G1A-95/15mm²	JL/G1A-70/10mm²	JL/G1A-120/20mm²	JL/G1A-70/10mm²
4	9	JL/G1A-120/20mm²	JL/G1A-70/10mm²	JL/G1A-120/20mm²	JL/G1A-70/10mm²	JL/G1A-150/20mm²	JL/G1A-95/15mm²

注:"—"表示线路不需升级改造;"2*"表示采用双回线路供电。

表 7.15　线路型号及造价

线路型号	JL/G1A-50/8mm²	JL/G1A-70/10mm²	JL/G1A-95/15mm²	JL/G1A-120/20mm²	JL/G1A-150/20mm²	JL/G1A-185/25mm²	JL/G1A-240/30mm²	JL/G1A-300/25mm²
最大载流量 A	195	240	285	355	410	520	570	710
单价 /(元·m⁻¹)	1.8	2.8	5	6.7	9.8	12.5	14.7	17.1

表 7.16　各乡镇区域配电线路的升级成本

乡镇	线路	线路投资成本/万元		
		年限为 10a	年限为 15a	年限为 20a
1	1	40.90	55.50	67.85
	2	0.93	13.16	13.16
2	3	7.92	8.93	8.93
	4	6.17	7.51	7.51
	5	0	0	0

续　表

乡镇	线路	线路投资成本/万元		
		年限为 10a	年限为 15a	年限为 20a
3	6	2.19	16.49	16.49
	7	0	0	3.54
	8	7.75	13.25	16.40
4	9	13.97	13.97	21.43
总计		79.83	128.80	155.29

由表 7.14 和表 7.16 可知,随着规划年限的增加,各乡镇线路的负荷越大,选择的导线截面也越大,线路的投资成本随之增加。由于乡镇 4 的风险承受能力最弱,在考虑负荷不确定性的情况下为保证方案的有效性,应选择较为保守的线路升级方案,故该区域线路的升级成本较高。而乡镇 1 因离变电站较远,线路 1 的供电半径和分支都较长,为满足电压约束要求,应选用较大截面的导线以减小沿线的电压损耗,故该区域线路的升级成本最高。

采用本方法得到的最优线路升级选型方案能满足电压要求,同时通过仿真结果还能得到需要扩容改造的配电变压器位置。

7.3　适应分布式电源接入的配电网规划

近年来,为适应经济发展方式转变和能源结构调整需要,以光伏、风电为代表的新能源发电正逐步成为浙江省能源发展战略的重要组成部分。分布式电源的接入增加了系统备用电源的数量与容量,一定程度上提高了系统的可靠性。[10]

7.3.1　分布式电源接入的适配性

分布式发电并网运行将使配电系统发生根本性变化,传统的配电网络规划运行方式将不再适用,分布式电源之间的控制和调度必须加以协调,整个配电网将变成复杂、遍布电源的网络系统。主要表现在以下三个方面:一是易使电压超标,电网控制难度增加;二是对继电保护产生不良影响;三是并网运行存在较大的安全隐患,可能给用户和线路维护人员的人身安全带来危险,会对线路和设备安全造成威胁,用户的供电质量也无法保障。因此,需要寻找一种切实有效的分布式电源接入电网适应性评价方法。[11]

可以采用指标评分加权的方法对待评价的区域电网进行适应性评价。基本思路为:根据待评价区域电网的基础数据,计算得到《分布式电源接入电网评价导则》(Q/GDW 11619—2017)中的各指标值和对应的指标评分,再由式 7.9 计算得到各指标的加权评分值,得到适应性分析结果。

$$M = \begin{cases} \sum y_k w_k, \forall y_k \geqslant 0 \\ \min(y_k), \exists y_k < 0 \end{cases} (k=1,\cdots,m) \qquad 7.18$$

式中,M 为所选区域电网的适应性评分;y_k 为所选区域电网的第 k 项具体指标数值;m 为所选区域电网评价的指标项数,$m \leqslant 10$;w_k 为所选区域电网的第 k 项具体指标权重,m 项权重之和应为 1。

若选择的待评价区域电网较大,不便于整体分析,可采用分层分区思想,将电网评价范围划分为区域电网、各电压等级电网、各分区电网三层;若同一个电压等级中存在电气联系较弱或相对独立的分区电网,且每个分区均有电源接入,应进一步划分出分区电网。电网分层结构如图 7.11 所示。

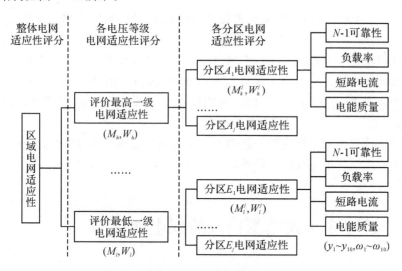

图 7.11　电网分层结构

分层分区完成后,采用层次分析法,进行区域电网评价,方法如下:根据指标评分加权方法可得到各分区电网适应性评分,然后由式 7.19 计算各电压等级电网适应性评分,由式 7.20 得到区域电网适应性评分值。

$$M = \begin{cases} \sum M_i^j W_i^j, \forall M_i^j \geqslant 0 \\ \min(M_i^j), \exists M_i^j < 0 \end{cases} (k=1,\cdots,m) \qquad 7.19$$

式中,M_i 表示序号为 i 的电压等级电网适应性评分;W_i 表示电压等级序号为 i、分区序号为 A_j 的分区电网的适应性评分权重,A_j 项权重之和应等于 1。

$$M_{MREA} = \begin{cases} \sum M_i W_i, \forall M_i \geqslant 0 \\ \min(M_i), \exists M_i < 0 \end{cases} (k=1,\cdots,n) \qquad 7.20$$

式中,M_{MREA} 为分布式电源接入后区域电网的适应性评分;n 为区域电网评价的不同电压等级数量,$n \leqslant 5$;W_i 表示电压等级序号为 i 的电压等级电网的适应性指标权重,n 项权重之和应等于 1。

适应性评价流程如图 7.12 所示。

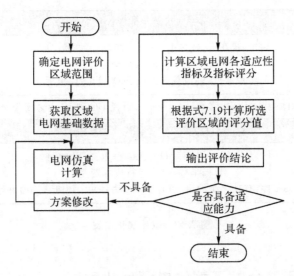

图 7.12　适应性评价流程

（1）确定电网评价区域范围。

（2）搜集所选区域的电网基础数据，包含电源数据、变压器数据、线路数据、负荷数据等。

（3）根据电网基础数据，计算评价指标体系中的各指标值。

（4）根据《电力系统安全稳定导则》评分公式计算各指标的评分值。

（5）根据式 7.19 计算所选评价区域的评分值。

（6）评价结论分为 3 级，得分大于 0 分为"具备较强适应能力"，0 分为"具备适应能力"，小于 0 分为"不具备适应能力"。

（7）根据所选评价区域的评分值进行适应性分析，对"不具备适应能力"的方案，重新改造再进行适应性评价。

7.3.2　分布式可再生能源双层优化模型

分布式可再生能源（Renewable Distributed Generation，RDG）双层优化模型是一种具有两层递阶结构的系统优化模型，上层模型首先求解风电、光伏等分布式可再生能源接入配电网的最优位置和容量，下层模型求解各时段可控分布式发电装置（Distributed Generation，DG）的输出功率和可中断负荷（Interruptible Load，IL）的切除功率。上下层模型之间相互影响，上层模型将风电、光伏等分布式可再生能源配置方案传递给下层模型，下层模型基于上层决策给定的配置方案求解出各时段可控分布式电源和可中断负荷出力后，将求解结果反馈到上层，上层利用反馈结果对配置方案进行修正，再次优化风电、光伏电源的位置和容量，如此循环往复，迭代至设定的最大迭代次数，得到最终的RDG 配置结果。利用该双层模型得到的最优配置方案综合考虑了配电网各分布式电源的规划与实际运行情况，兼顾配电网运行经济性与安全性，具体模型如图 7.13 所示。

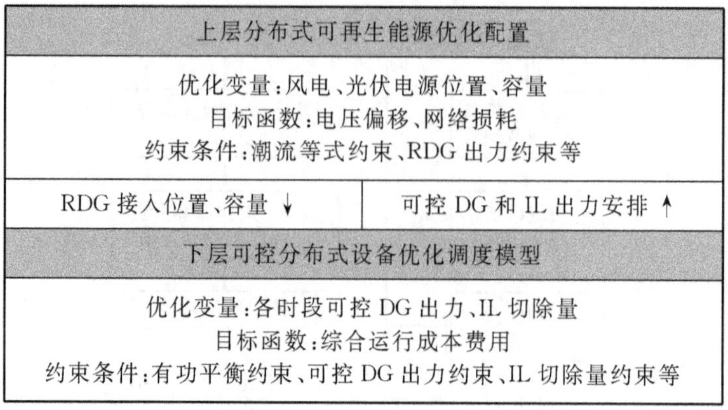

上层分布式可再生能源优化配置	
优化变量:风电、光伏电源位置、容量 目标函数:电压偏移、网络损耗 约束条件:潮流等式约束、RDG 出力约束等	
RDG 接入位置、容量 ↓	可控 DG 和 IL 出力安排 ↑
下层可控分布式设备优化调度模型	
优化变量:各时段可控 DG 出力、IL 切除量 目标函数:综合运行成本费用 约束条件:有功平衡约束、可控 DG 出力约束、IL 切除量约束等	

图 7.13 双层优化模型

7.3.3 基于混合粒子群的电源优化配置

粒子群算法是一种基于群体搜索的处理连续或离散空间内优化问题的算法,将在解空间中不断移动的粒子作为寻优的群体,先初始化一组随机的速度和位置,然后在空间中不断搜索进行寻优,每次迭代过程中粒子根据自己已寻找过的最优解(个体最优值)和群体当前寻找到的最优解(全局最优值)来实时调整自己的速度和位置,直到搜索到更优的解。[12]

一个由 n 个粒子组成的群体在 D 维空间内搜索,以粒子 i 为例,其每次迭代公式为:

$$v_{id}^{k+1} = \omega v_{id}^k + c_1 r_1 (p_{id}^k - x_{id}^k) + c_2 r_2 (p_{gd}^k - x_{id}^k) \qquad 7.21$$

$$x_{id}^{k+1} = x_{id}^k + v_{id}^{k+1} \qquad 7.22$$

式中,i 表示第 i 个粒子($i = 1, 2, \cdots, n$);d 表示第 d 维分量($d = 1, 2, \cdots, D$);k 表示迭代次数;g 表示群体;v_{id}^k、x_{id}^k、p_{id}^k 和 p_{gd}^k 分别表示第 k 次迭代后的粒子 i 的速度、位置、当前个体极值和群体极值的第 d 维分量;ω 为调整粒子搜索能力的惯性系数;c_1 和 c_2 为加速因子。ω 取值较大时,粒子搜索的速度较大,有利于全局搜索,但是搜索效率低;取值较小时,能够加速收敛,但是容易陷入局部最优,因此为了实现高效率、高精度寻优,必须设置合适的 ω。可采用的自适应权重为:

$$\begin{cases} \omega = \omega_{min} + (f_{v(i)} - f_{min})(\omega_{max} - \omega_{min})/(f_{avg} - f_{min}), f_{v(i)} < f_{avg} \\ \omega = \omega_{max}, f_{v(i)} > f_{avg} \end{cases} \qquad 7.23$$

式中,$f_{v(i)}$ 为适应度函数值;f_{avg} 和 f_{min} 分别为适应度函数的平均值和最小值;ω_{max} 和 ω_{min} 分别为惯性权重的上、下限。

研究表明,在粒子的寻优过程中理想的情况是:在搜索初期,其速度较大,粒子的全局搜索能力强,不至于陷入局部最优。在搜索后期,其速度减小,局部搜索能力增强。因此,初期希望 c_1 和 c_2 较大,增强粒子向历史经验学习的能力,而后期则希望 c_1 和 c_2 减小。借鉴线性递减惯性权重的粒子群算法中对惯性权重 ω 的处理方法,对学习因子 c_1 和 c_2 进行处理,得到线性递减的学习因子为:

$$
\begin{cases}
c_1 = c_{1max} - (c_{1max} - c_{1min}) \times t/M \\
c_2 = c_{2max} - (c_{2max} - c_{2min}) \times t/M
\end{cases}
\qquad 7.24
$$

式中，c_{1max}、c_{1min}，c_{2max}、c_{2min}分别为c_1、c_2的上、下限；t为当前迭代次数；M为最大迭代次数。[13]

基本粒子群算法在解决诸如不连续、不可微的非线性病态优化问题和组合优化问题时具有强大的优势，具有较快的收敛速度但局部搜索能力差，也容易陷入局部最优，而模拟退火算法是一种全局最优算法，当陷入局部最优时能概率性地跳出，最终使目标函数趋于最优解。

7.3.4　混合储能优化配置

储能技术可以为电力系统提供快速响应容量，有助于实现系统在各种工况下的功率和能量平衡，配置合适的储能装置对于保障电网安全运行具有重要意义，既可以应用于配电网中，有效促进配电网中的分布式能源消纳，实现改善电网净负荷特性等优化目标；又可以辅助实现微电网内的实时功率平衡，提高综合能源系统的经济性等。由于单一储能技术难以满足电力系统的多种需求，基于储能技术的特点，将其分为功率型储能和能量型储能两类，并依据具体的应用场景，采用多种储能技术组合，以进行性能互补。发展混合储能已成为储能技术应用的重要方向之一。[14]

配电网中，由于新能源（风电、光伏）的随机性和不稳定性，容易导致接入点等效负荷平稳性下降，因此储能装置应用于配电网时，优化目标可设定为削峰填谷和负荷平滑。

通过混合储能的优化配置与运行实现负荷峰谷差的优化，即

$$
f = \min\{\max[P_f(1), P_f(2), \cdots, P_f(M)] - \min[P_f(1), P_f(2), \cdots, P_f(M)]\}
$$

$$
\qquad 7.25
$$

$$
P_f(t) = P_{load}(t) - P_{PVM}(t) + P_{Str}(t) \qquad 7.26
$$

式中，$P_f(1), P_f(2), \cdots, P_f(M)$为对应各采样时刻的储能调节后的系统输出总有功功率；M为时段总数，采样间隔$\Delta t = 30\text{min}$时，$M = 48$；$P_{load}(t)$、$P_{PVM}(t)$和$P_{Str}(t)$分别为t时刻的系统负荷、风光和储能的有功功率，储能有功功率定义充电为正、放电为负。

t时刻的等效负荷$P_{out}(t)$定义为：

$$
P_{out}(t) = P_{load}(t) - P_{PVM}(t) + P_{Str}(t) \qquad 7.27
$$

等效负荷平滑的主要目的是平滑相邻时间节点内的负荷变化。优化配置混合储能以实现"平滑负荷"为目标，可以表示为：

$$
\min \sum_{t=2}^{M} [P_{out}(t) - P_{out}(t-1)]^2 \qquad 7.28
$$

以削峰填谷及混合储能装置成本综合最优为目标的优化配置模型及求解算法，能够在考虑储能成本支出的情况下取得较好的补偿效果。

7.4　适应电动汽车充电设施接入的配电网规划

环境污染与能源危机的逐步加剧促进了电动汽车(Electric Vehicle,EV)产业的发展。EV 有助于消纳负荷低谷时期的间歇性可再生能源,尤其是风电的发电出力,且具有较好的环保特性,因而在很多国家受到重视。不过,大量 EV 的无序充电行为有可能导致线路过载、电压越限、三相不平衡等问题,影响电力系统尤其是配电系统的安全与经济运行。[15]

7.4.1　电动汽车负荷预测方法

电动汽车负荷预测是电网调度研究、充电站规划的基础。无论是对于电网调度、电力市场交易、充电站规划建设,还是对用户便捷经济出行等方面都具有实际意义。

文献[16]根据 2017 年美国交通部对美国家用车辆调查结果(National Household Travel Survey,NHTS)给出的数据,首先通过数据分析建立起汽车交通行为的模型,然后建立起汽车的充电行为模型,最后利用蒙特卡洛模拟法,生成每一辆电动汽车在工作日和休息日的充电负荷,并且可以得到城市中四类主要停车区域的充电需求。

7.4.2　电动汽车接入的配电网空间负荷预测方法

电动汽车 V2G 负荷的预测模型主要通过对规划区内用地类型进行划分,结合电动汽车停车特性,由电动汽车停车需求时空分布模型,得到各小区停车需求的时空分布情况。结合电动汽车的行驶特性和充放电容量计算模型,采用蒙特卡洛模拟法对各小区电动汽车的行为和 V2G 过程进行预测,进而得到各小区电动汽车 V2G 容量的时空分布情况。[17]

电动汽车电池的电荷状态(SOC)是决定 V2G 容量大小的关键因素,计算公式为:

$$SOC(t) = SOC(t_0) + \int_{t_0}^{t} \frac{P_{ch}\alpha_{ch}state(t)}{E_{bat}}dt \qquad 7.29$$

式中,t_0 为电动汽车到达停车地点的时间;t 为离开停车地点的时间;P_{ch} 为充放电功率;α_{ch} 为充放电效率;E_{bat} 为电池标称容量;$state(t)$ 为充放电状态函数,$state(t)=(1,0,-1)$,1 表示充电,0 表示不充电也不放电,−1 表示放电。

(1)充电负荷计算

当电动汽车停车后 SOC_k 低于充电阈值 $SOC_{L,k}$ 时(k 表示第 k 辆车),用户会选择进行充电。充电阈值根据用户需求进行设定,设定值大小一般与有充电需求的时刻有关,白天及前半夜电价较高,充电阈值会设定得较低;后半夜电价较低,充电阈值会设定得较高。第 i 小区电动汽车充电负荷为:

$$P_{in,i}(t) = \alpha_{ch} \sum_{k=1}^{G_i(t)} state_k(t) P_{ch,k}, state_k(t) = \begin{cases} 1, SOC_k(t) < SOC_{L,k} \\ 0, \text{其他} \end{cases} \qquad 7.30$$

式中，$G_i(t)$ 为第 i 小区 t 时刻电动汽车停车数量。

（2）放电负荷计算

电动汽车电池容量一般可分为三个部分：日常行驶所需容量 E_d、备用行驶所需容量 E_r 和 V2G 放电可用容量 E_v。日常行驶和备用行驶所需容量与用户的行驶特性有关，在电池容量一定的情况下，用户的行驶特性将决定 E_v 的大小，其值可表示为：

$$E_{v,k} = (E_{bat,k} - E_{d,k} - E_{r,k}) \times \alpha_{ch} \qquad 7.31$$

日常行驶和备用行驶所需电池容量是保证用户正常使用电动汽车的基本条件，电动汽车 V2G 放电容量不能大于 E_v。第 i 个小区电动汽车参与 V2G 放电的负荷为：

$$P_{out,i}(t) = \alpha_{ch} \sum_{k=1}^{G_i(t)} state_k(t) P_{ch,k}, state_k(t) = \begin{cases} -1, \int_{t'}^{t} P_{ch,k} dt < E_{v,k} \\ 0, \text{其他} \end{cases} \qquad 7.32$$

式中，t' 为起始放电时刻。

在进行蒙特卡洛模拟前，需要先获取规划区当地远景年的土地建设情况和泊位配建标准（用以替代停车生产率）及电动汽车所占比例，结合电动汽车的日行驶特性，预测规划区内日停车数量的时空分布情况；之后按概率分布抽取各小区相应参数进行蒙特卡洛模拟，进而得到规划区内电动汽车 V2G 负荷的时空分布情况。

7.4.3　充电设施网络配置优化模型

据中国电动汽车充电基础设施促进联盟数据，截至 2018 年 4 月，联盟内成员单位总计上报公共充电桩 262058 个，建设安装私人充电桩 281847 个，两者的数量还在不断增长之中。[18] 充电设施数量规模相对于庞大的电动汽车市场规模而言偏低，这大大降低了电动汽车的使用便利性，从而影响其推广应用。此外，布桩位置不合理、设施服务水平偏低等现象严重降低了充电设施的利用效率。充电设施的容量、网络布局需要科学系统的设计思路和优化方案。

对于优化目标，文献中通常以电动汽车花费总时间最少、行驶总距离最少以及总成本最小等作为目标函数。考虑到模型中存在电力成本、建设成本，以电动汽车前往所有充电设施进行充电的总成本最小为优化目标，具体模型如下：

$$u = \min \left| \sum_{j=1}^{n} \sum_{i=1}^{m} P_{ij} u_{ij} + \sum_{i=1}^{m} P_{ii} u_{ii} \right| \qquad 7.33$$

$$\text{s. t. } t_{ij}^t = \frac{d_{ij}}{v_1} \times 2, \forall i,j \qquad 7.34$$

$$t_j^q = g(\lambda_j, \mu, N_j), \forall j \qquad 7.35$$

$$t_{ij}^w = \begin{cases} 2f\left(\dfrac{d_{ij}}{v_2}\right), 2f\left(\dfrac{d_{ij}}{v_2}\right) < t_j^c, \forall i,j; \\ t_j^c, 2f\left(\dfrac{d_{ij}}{v_2}\right) > t_j^c, \forall i,j \end{cases} \qquad 7.36$$

$$\lambda_j = \sum_{i=1}^{m} P_{ij}, \forall i,j \qquad 7.37$$

$$0 \leqslant \sum_{j=1}^{n} N_j \leqslant N_{all} \qquad 7.38$$

式中,d_{ij}为从小区i到公共充电站j的距离;u为单个公共充电桩的服务率;λ_j为公共充电站j的电动汽车到达率;N_j为公共充电站j拥有的桩位数量;t_j^c为电动汽车在公共充电站j的充电时间;v_1为电动汽车在路网中的行驶速度;v_2为行人在路网中步行的速度。

式7.33表示模型的目标函数,为各小区电动汽车前往各公共充电站充电的总成本与在小区内使用私人充电桩充电的总成本之和。优化结果是求出目标函数最小情况下在各公共充电站所布置的公共充电桩以及在各交通小区所布置的私人充电桩的数量。式7.34表示行程时间,等于用户从小区i驾车往返公共充电站j的行车时间。式7.35表示在公共充电站j的排队时间t_j^q是电动汽车到达率λ_j、充电桩服务率μ、桩位数量N_j的函数。其中,充电桩数量N_j为待设计值,到达率λ_j为中间变量,取决于整个充电系统的配置情况。式7.36表示当用户从j步行往返i的时间成本小于电动汽车在充电站的充电时间t_j^c时,用户选择回家等待,等待时间由步行时间成本表示;否则,用户选择在充电站等待,等待时间等于充电时间t_j^c。考虑到步行的体能消耗,单位时间步行产生的负效用和行车时间产生的负效用是不同的,步行时间产生的负效用可通过函数转化为等价的行车时间产生的负效用。式7.37表示公共充电站j的车辆到达率,等于一天内从所有交通小区前往该充电站充电的电动汽车数量之和。

7.4.4 电动汽车充电站规划

在充电站规划中需要考虑的因素较多,比如电动汽车是否可以顺利使用、充电站的运营成本和电动汽车与配电网的交互影响,等等,因此在分析路网特性的影响时,路网的影响因素主要体现在道路流量上,以道路流量为基准,综合考虑建设充电站的投资以及维修成本、用户在充电站等待时间等因素,确立函数,建立模型,得出规划方案。规划方案可由如下几个部分组成。

(1)充电站的设立地点。为方便道路上电动汽车用户的随机充电行为,充电站应尽量建立在城市道路周围。

(2)充电站的设立数目。为方便路网中电动汽车用户随时充电的行为,充电站的服务范围应包围整个道路网络,同时,还需结合出行路线的重叠性和不变性来完成规划。

(3)规划目标。为节约建设成本,需在尽可能少的充电站数目下服务尽可能多的用户。基于这个目标,采用截流选址模型完成充电站建设。

7.4.5 双目标双层规划选址模型

以最小化系统旅行时间和温室气体排放(包括ICE尾气排放和EV发电过程产生的CO_2排放)为目标,在多车型混合交通网络中,考虑政府规划部门和道路使用者之间的互动作用,分别从政府规划者和随机用户均衡的角度建立上、下层模型,从而构建电动汽车充电站选址的双目标双层规划模型。[19]上层模型考虑政府的目标,为优化系统模型,以最小化系统旅行时间和温室气体排放为目标,采用 NSGA-II 算法求解;下层模型考虑用户的目标,为随机用户均衡模型,考虑带里程约束的多车型混合交通网络分配问题,采用MSA 算法求解。

参考文献

[1] 杨军胜,彭石,王承民,等.基于城市用地性质的配网空间负荷预测研究[J].电测与仪表,2018(11):30-34.

[2] 蒋建东,李瑞杰.配电网网格化规划中空间负荷预测方法研究[J].郑州大学学报(理学版):2021(1):120-126.

[3] 刘思,傅旭华,叶承晋,等.考虑地域差异的配电网空间负荷聚类及一体化预测方法[J].电力系统自动化,2017(3):70-75,82.

[4] 孙虹,李新家,王成亮.基于需求响应的大用户电力负荷模糊综合预测研究[J].自动化与仪器仪表,2019(12):188-191.

[5] 杨蕊.神经网络技术在短期电力负荷预测中的应用研究[D].重庆:重庆大学,2018:7-9,18,29.

[6] 许小良,姚新丽,叶琛,等.基于三要素的配电网网格划分方法[J].农村电气化,2020(2):17-21,64.

[7] 要凯华,李晓,牛晨林.考虑路网结构的电动汽车充电站规划研究[J].电子测量技术,2019(20):6-14.

[8] 宋倩芸.计及多种分布式能源运行的配电网双层优化规划方法[J].电力系统保护与控制,2020(11):53-61.

[9] 肖白,郭蓓,季帅,等.考虑区域配电网风险承受能力差异的网架规划方法[J].电力自动化设备,2020(3):68-75.

[10] 何英静,李帆,沈舒仪,等.新能源及分布式电源接入浙江配电网适应性研究[J].浙江电力,2018(1):32-36.

[11] 许梦琪.一种分布式电源接入电网的适应性评价方法[J].电力与能源,2019(1):73-77.

[12] 张航,马刚,仲泽天.基于自适应的配电网分布式电源优化配置研究[J].南京师范大学学报(工程技术版),2020(2):15-24.

[13] 刘永强,郑宁宁,邵云峰,等.基于混合粒子群优化的含分布式电源配电网分层规划方法研究[J].智慧电力,2019(12):85-92,109.

[14] 顾洁,王承民,冯小珊.含分布式电源的配电网中混合储能优化配置[J].浙江电力,2020(2):71-76.

[15] 刘洵源,齐峰,文福拴,等.光伏不平衡接入的配电系统中电动汽车有序充电策略[J].电力建设,2018(6):21-27.

[16] 陈泽雄,高军伟,周仕杰,等.基于时空特性的电动汽车负荷预测方法研究[J].机电信息,2019(36):28-30.

[17] 靳现林,赵迎春,吴刚.考虑分布式光伏和电动汽车接入的配电网空间负荷预测方法[J].电力系统保护与控制,2019(14):10-19.

[18] 尚夏,王美佳,许刘晓,等.城市区域电动汽车充电设施配置优化[J].浙江大学学报(工学版):2020(6):1210-1217.

[19] 叶露,郭倩芸,倪舒晨,等.混合交通网络充电站选址模型[J].交通运输工程与信息学报,2019(4):97-104.